经管类跨专业综合实训指导

主编 田 涛 吴广彪

北京理工大学出版社
BEIJING INSTITUTE OF TECHNOLOGY PRESS

内 容 简 介

本书采用"指导+实践"的方式布局全文，首先总体介绍了依托跨专业综合实训软件系统的模拟商业环境，其次以项目的形式对企业注册、工商局、国际货代、会计师事务所、税务局、物流公司、商业银行、制造企业等进行介绍和实践指导；阐述了企业注册、人员招聘、职务安排、场地选择、产品研发、市场开拓、销售管理等内容，通过角色扮演，让学生结合专业知识，形成一个比较明确的定位，为以后的学习、工作、创业打下基础。实践过程涉及多个专业学科的整合与协作，实训角色对所有参与者不具有强制性，参与者可根据自身专业或兴趣选择合适的角色。

本书以经管类跨专业综合实践指导为目的，融合了经管类多学科的优势。本书可供高等院校（本科、专科）市场营销、会计、工商管理、经济学、电子商务、物流管理、国际贸易、统计学、财务管理、金融、保险、公共管理、工业设计、人力资源管理、劳动与社会保障等经管类专业学生使用，也可作为创新创业教育的指导教材。

图书在版编目（CIP）数据

经管类跨专业综合实训指导 / 田涛，吴广彪主编
. --北京：北京理工大学出版社，2023.3
ISBN 978-7-5763-2126-5

Ⅰ. ①经… Ⅱ. ①田… ②吴… Ⅲ. ①经济管理-高
等学校-教材 Ⅳ. ①F2

中国国家版本馆 CIP 数据核字（2023）第 034318 号

出版发行 / 北京理工大学出版社有限责任公司
社　　址 / 北京市海淀区中关村南大街 5 号
邮　　编 / 100081
电　　话 / (010)68914775（总编室）
　　　　　 (010)82562903（教材售后服务热线）
　　　　　 (010)68944723（其他图书服务热线）
网　　址 / http://www.bitpress.com.cn
经　　销 / 全国各地新华书店
印　　刷 / 涿州市新华印刷有限公司
开　　本 / 787 毫米×1092 毫米　1/16
印　　张 / 10.75　　　　　　　　　　　　　　　责任编辑 / 王晓莉
字　　数 / 250 千字　　　　　　　　　　　　　文案编辑 / 王晓莉
版　　次 / 2023 年 3 月第 1 版　2023 年 3 月第 1 次印刷　　责任校对 / 刘亚男
定　　价 / 69.00 元　　　　　　　　　　　　　责任印制 / 李志强

前　言

在经管类专业教学过程中，实践教学是一个重要环节，它以培养学生将课堂所学的专业知识应用到实践中为目的，逐步受到各个高校的重视。本书面向应用型人才培养，以提升实践能力、竞争意识为核心，突出以"团队协作+竞争对抗"为主的主动性教学方式方法，旨在培养优秀的具有经管类跨学科实践能力的现代企业经营管理专业人才。本书在各章节前对实践团体、运作方式、角色职责、角色分配进行介绍，方便教师和读者根据专业或兴趣选择不同的实践团体和角色参与实训。各章结合跨专业综合实训对各实践团体的运作过程、操作方式、操作流程进行了全方位指导，以提高参与者的综合实践能力及专业素养。

本书在编写上具有以下特征。

1. 内容组织模块化。每个模块对一个实训机构进行介绍，并引导选择该机构的读者完成实训内容；读者可根据选择的组织机构查阅对应模块，以节省进入实训环节的时间。另外，各个模块存在关联，任一模块单元与其他模块内容有衔接。内容组织的模块化有利于不同专业的读者有选择性地学习，也可根据兴趣选择不同模块进行学习。

2. 内容选取上具有实践性和针对性。本书借鉴和吸收了国内经管类专业多学科融合教学的基本方法和最新成果，实践性和适应性较强。书中选用大量经济学、管理学中应用于企业经营方面的基本策略、方法和模型，通过把经济学、管理学的专业知识与现代企业运营实践相结合，着力培养学生分析问题和解决问题的能力，拓宽其视野，增长其技能。

全书分为九个项目，每一个项目介绍并指导一个实训组织，其中，项目一为跨专业综合实训指导课程简介，项目二为注册，项目三为工商局，项目四为国际货代，项目五为会计师事务所，项目六为税务局，项目七为物流公司，项目八为商业银行，项目九为制造企业。各项目内容相互关联，为学生提供了一个模拟的商业环境。

本书作为跨专业综合实训指导教材，需要结合跨专业综合实训教学软件完成教学活动。本书由田涛组织编写及统稿，感谢吴广彪老师整理的大量资料，感谢北京方宇博业科技有限公司提供的技术支持。

限于编者水平，本书难免会有一些错漏，恳请读者指正。

目　录 ↘

课程介绍

1. 课程概述

经管跨专业综合实训课程是高度整合经济学、管理学下属专业的综合性、高度仿真性、动态对抗性、创新性实训平台，可为市场营销、会计学、工商管理、经济学、电子商务、物流管理、国际贸易、统计学、财务管理、金融、保险、公共管理、工业设计、人力资源管理、劳动与社会保障等经管类专业学生提供校内实习平台，以培养学生的实操能力、协同能力、决策判断能力、设计能力、创新能力、创业能力等，实现人才培养由知识教育向能力教育、素质教育的转变，努力实现学生培养与就业市场需求的有效衔接。本课程也对授课老师提出了相应的要求，老师须具备扎实的专业基础及综合素养。

本课程也可作为创新创业实践课程，让学生置身于模拟商业环境中，完成企业注册、人员招聘、职务安排、场地选择、产品研发、市场开拓、销售管理等工作内容。通过角色扮演，促使学生结合专业知识，形成比较明确的职业定位，为以后的学习、工作、创业打下基础。

结合跨专业实训教学的经验，编者团队摸索出一套行之有效的教学方案，结合实训软件，可让学生尽快融入商业场景，实现角色切换。在常规分组的基础上（即制造企业、行政机构、服务性机构），我们增设了媒体机构，授权其对整个虚拟商业环境进行跟踪报道，制造企业、行政机构也可有偿借助媒体对自身的产品、服务进行宣传，媒体机构也能监督模拟商业环境。实训结束前，由媒体对各机构的表现进行评价；在此基础上调整运行规则，允许企业之间合理的借贷行为，最终实现实训过程的社会化，使实训过程更接近于现实，让学生在实训过程中掌握实用的专业知识，为后续工作打下一定的基础。

2. 实训流程概述

本课程的实训流程主要有五个部分，每部分紧密相连，上一部分是下一步的前提，整个实训过程是一个有机整体，各部分大致如下。

2.1 动员大会

动员大会主要是让学生了解本次实训全貌，对实训流程、规则形成一个比较清晰的认识。动员大会的作用包括以下几个方面。

（1）告知学生课程开设的时间、地点、内容安排。

（2）让学生对跨专业实训形成初步认知，并能清楚了解课程的学习及训练重点。

（3）发动学生的学习积极性，考验学生的适应力、演讲能力、组织与协调能力、对事物的分析判断能力等。

动员大会具体流程如图 1.1 所示。

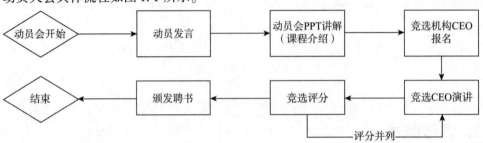

图 1.1　动员大会具体流程

2.2　企业成立

企业、行政机构、服务机构选定负责人后，就启动招聘环节；各机构根据所设置的岗位，招聘不同的从业人员；一般企业招聘人数控制在 5 人以内，行政机构招聘人数控制在 3 人以内，服务机构招聘人数也控制在 3 人以内。人民银行和商业银行均由一组同学负责，即一组同学负责两个机构，人数控制在 5 人以内。

招聘会前，参与招聘的同学要提前准备好个人简历（课外时间完成），机构负责人需绘制招聘海报（课外时间完成），策划招聘流程、面试方式，合理安排时间进度；整个招聘环节控制在 45 分钟，即一节课内完成。具体流程如图 1.2 所示。

招聘完成后，各企业负责人要制作人员花名册，并提交给媒体机构汇总。

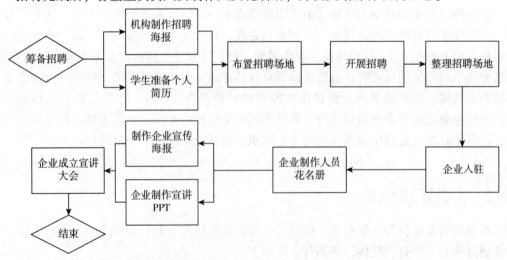

图 1.2　企业成立具体流程

2.3 企业工商注册

企业组建完成后，进入工商注册环节。在开展此环节之前，指导老师规划好实训项目，并将员工码、CEO 码发放给学生进行个人注册；学生登录系统，完成企业工商注册。具体流程如图 1.3 所示。

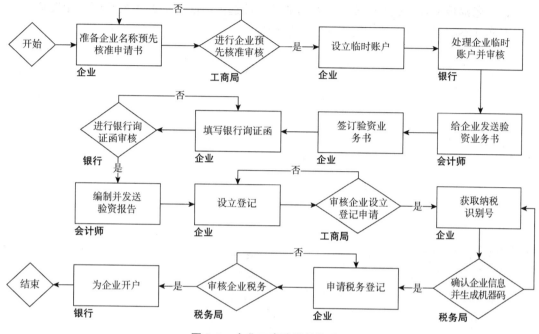

图 1.3 企业工商注册具体流程

2.4 企业运营

企业、行政机构、服务机构设立后，企业进入运营季。本次实训主体是企业，行政机构负责管理，服务机构为各企业及行政机构提供专业支持，媒体机构负责监督宣传。

企业设立后，系统初始启动资金为 1 000 万元。企业根据所选行业特征，选址建设厂房及生产线，招聘研发人员及工人，进行产品研发、生产管理、市场推广、订单签订等。需要注意的是，启动资金要合理使用，避免在进入生产环节前，因大量购置厂房及原材料，导致资金枯竭，影响后续运营。本次实训允许企业在无力经营的条件下申请破产。

行政机构按季度对企业生产、交易进行监管及支持，负责人要定期到各企业走访，了解企业经营是否存在问题，发现问题及时纠正并给予支持。

服务机构为企业经营活动提供专业支持，如贷款、审计、物流和宣传等。

2.5 实训总结

企业运营季结束后，开展一次总结分享大会，各机构要制作演讲 PPT，主要分享内容如下。

（1）企业介绍、人员分工。上台演讲需全员参与，每个人讲自己负责的部分。

（2）企业经营状况（用数据进行说明），如企业各季运营数据、财务数据、净利润等。

（3）本次实训过程中遇到的问题、困难，以及解决办法。

（4）本次实训的收获、体会，实训的改进方向等。

各机构成员演讲完后，由媒体机构对本次实训进行总结，对各成员的表现、实训过程存在的问题及实训的成果进行汇总。

指导老师根据各组成员的表现及经营业绩，评选出本次实训的优质企业，颁发嘉奖证书。对实训参与者进行点评，对本次实训进行总结。

项目二

企业注册

》 1. 注册与登录

确定实训主体后，学生开始进行注册与登录操作，即学生根据前期的竞聘及招聘工作，组建多个企业、行政机构和服务机构。在此基础上，指导老师发布实训项目，学生根据实训项目的要求选择注册码进行系统注册，正式进入实训环节。注册时需要注意以下内容。

（1）注册账号时，企业负责人、工商局局长、税务局局长、人民银行行长、商业银行行长、物流公司 CEO、国际货代公司 CEO、贸易公司 CEO、会计师事务所负责人、媒体机构负责人等要用 CEO 码，不能使用员工码。如果误用员工码，请指导老师协助解决此问题。

（2）其他人员注册时使用员工码，不可使用 CEO 码。如果误用 CEO 码，请指导老师协助解决此问题。

（3）实训开始前，指导老师会比实际企业数多设立 2~3 个企业，各机构负责人在选择 CEO 码时，要绑定对应机构，避免同一个 CEO 码被多人使用。可建立 QQ 群，指导老师将注册码列表发群里，各机构负责人根据顺序各选择一个，并在群里声明已经使用了某一 CEO 码。指导老师也可以建立 Moodle 学习平台，为每次实训设立独立课程；或开通实训官方网站，上传新闻、作业、总结 PPT 等，并将相关信息发送在讨论区，学生也可以在讨论区添加讨论话题，针对某一问题进行讨论。

建议有条件的教学单位部署 Moodle 教学平台，其作用如下。

①方便媒体机构发布新闻。

②方便企业寻求媒体开展广告业务（新增业务）。

③方便学生在讨论区针对某些问题进行研讨。

④管理平时作业。

⑤进行操作视频、操作手册共享等。

⑥针对每次实训创建官方网站。

1.1 平台注册

平台操作界面如图 2.1 所示，注册界面如图 2.2 所示。

图 2.1 操作界面

图 2.2 注册界面

单击"注册"按键,进入注册信息填报,如图 2.3 所示。

(1) 正确填写用户名邮箱、密码、姓名。

(2) 输入指导老师提供的注册码。

(3) 单击"提交"之后,自动登录。

图 2.3 注册信息

1.2 平台登录

用户完成注册后，直接输入用户、密码，单击"登录"，如图 2.4 所示。

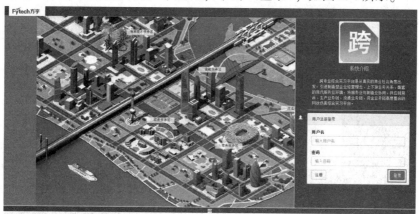

图 2.4 登录界面

1.3 企业进入

平台上设置了不同类型的园区，如图 2.5 所示。

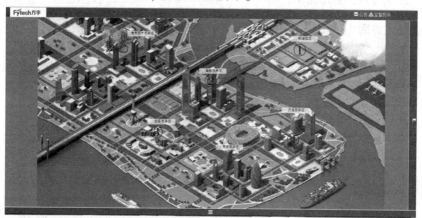

图 2.5 平台园区图

平台中主要园区如下：

①制造园区（制造企业）；

②金融服务区（商业银行、会计师事务所）；

③政务服务区（工商局、国家税务局）；

④流通服务区（国际货代、物流公司）。

选择③模块，单击工商局，进入企业。

单击具体企业时，系统会进行识别判断，如果单击的是本企业，则自动进入；如果不是，则进入这家企业的外围服务机构。

2. 企业设立

以制造企业为例，进入界面后，按照任务提示设立企业，如图 2.6 所示。

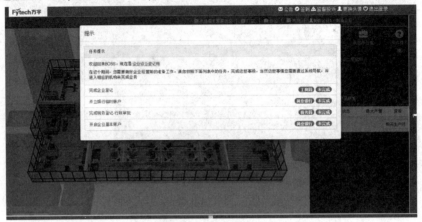

图 2.6　任务提示

2.1　企业名称预先核准

在企业登记界面中，单击"名称预先核准委托人代理申请书"，如图 2.7 所示。

图 2.7　企业登记

填制并提交《名称预先核准委托人代理申请书》后，单击"流程跟踪"，如图 2.8 所示。弹出新企业登记流程，如图 2.9 所示。

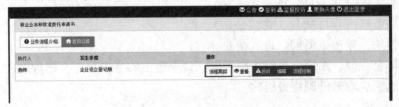

图 2.8　单击"流程跟踪"

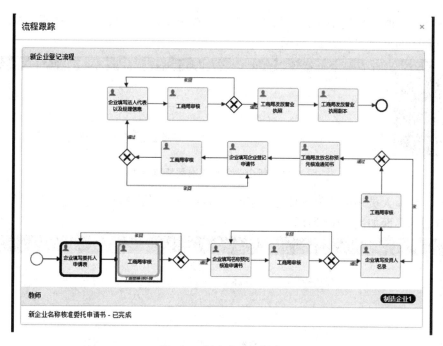

图 2.9　新企业登记流程

这时，公司人员到工商局窗口，申请办理企业名称预先核准登记，并提交纸质《名称预先核准委托申请书》，由工商局予以审核。

如果《名称预先核准委托申请书》被工商局驳回，企业人员看到的界面如图 2.10 所示。

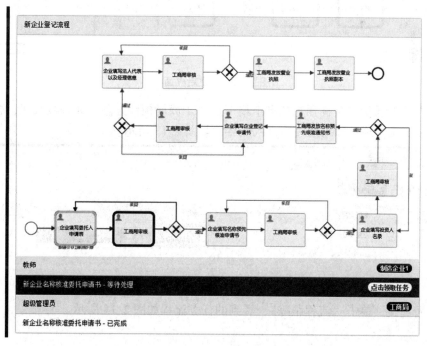

图 2.10　驳回后界面

企业人员修改"申请书"后，再次到工商局提出申请。如果企业名称预先核准审核通过，企业看到的界面如图 2.11 所示。

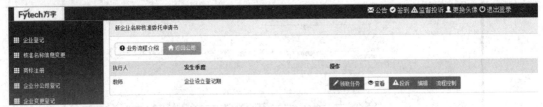

图 2.11　新企业名称核准委托申请书

此时，企业人员领取并处理任务，填写《名称预先核准申请书》，提交后可查看流程跟踪，看到的界面如图 2.12 所示。

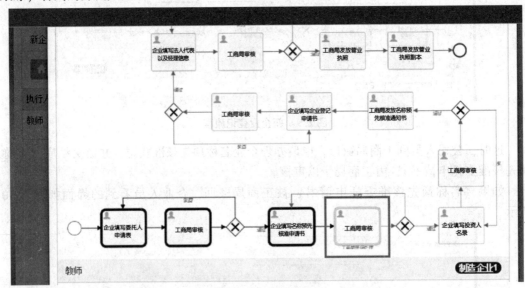

图 2.12　提交后界面

企业人员带纸质《名称预先核准申请书》去工商局柜台办理，如果被驳回，企业人员修改后继续提交办理；如果通过，进入的界面如图 2.13 所示。

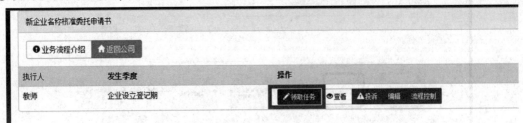

图 2.13　通过后界面

填写后提交，单击"流程跟踪"，看到的任务流程如图 2.14 所示。

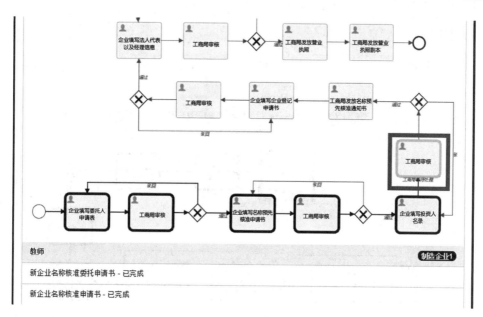

图 2.14 任务流程

在这一步，企业人员带纸质《投资人名录》到工商局柜台办理；如果通过，则领取任务，任务流程如图 2.15 所示。

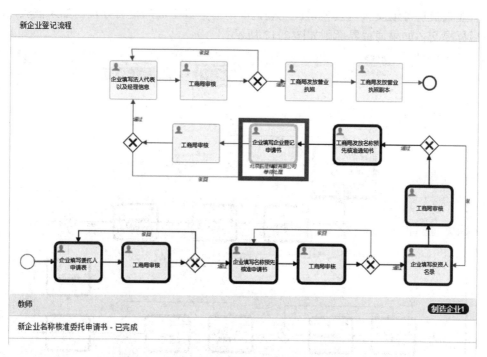

图 2.15 新企业登记流程—企业填写登记申请书

企业人员领取并处理任务，填写完毕后提交，即可查看任务流程，如图 2.16 所示。

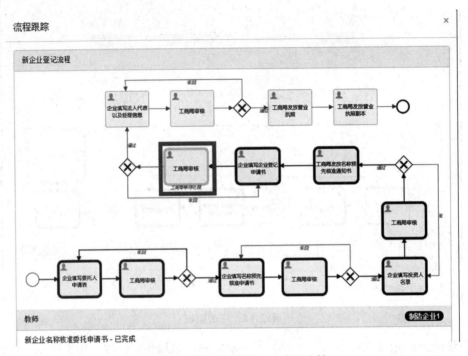

图 2.16   企业登记流程—工商局审核

企业人员携带纸质《内资公司设立登记申请书》到工商局柜台办理，如果被驳回，则修改后再提交，如果通过界面则如图 2.17 所示。

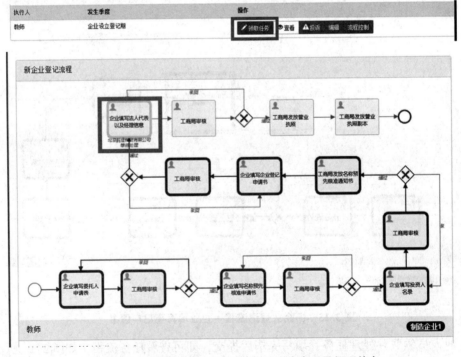

图 2.17   企业登记流程—企业填写法人代表以及经理信息

领取任务并处理，填写《法定代表人、董事、经理、监事信息表》，如图 2.18 所示。

姓名	现居所	职务信息			是否为法定代表人	法定代表人移动电话
		职务	任职期限	产生方式		
李xx	北京市 xxxxx	总经理	3 年	选举	是	1701028XXXX
全体股东盖章签字		李xx				

⊞ 股东在本表的盖章或签字视为对下列人员职务的确认。如可另行提交下列人员的任职文件，则无需股东在本表盖章或签字。

注：①本页不够填的，可自印续填。
②"现居所"栏，中国公民填写户籍登记住址，非中国公民填写居住地址。
③"职务"指董事长（执行董事）、副董事长、董事、经理、监事会主席、监事。上市股份有限公司设置独立董事的应在"职务"栏内注明。
④"产生方式"按照章程规定填写，董事、监事一般应为"选举"或"委派"，经理一般为"聘任"。
⑤担任公司法定代表人的人员，请在对应的"是否为法定代表人"栏内填"√"，其他人员勿填此栏。
⑥"全体股东盖章（签字）"处，股东为自然人的，由股东签字；股东为非自然人的，加盖股东单位公章。不能在此页盖章（签字）的，应另行提交有关选举、聘用的证明文件。

图 2.18　法定代表人、董事、经理、监事信息表

填写完毕并提交，单击"流程跟踪"，如图 2.19 所示。

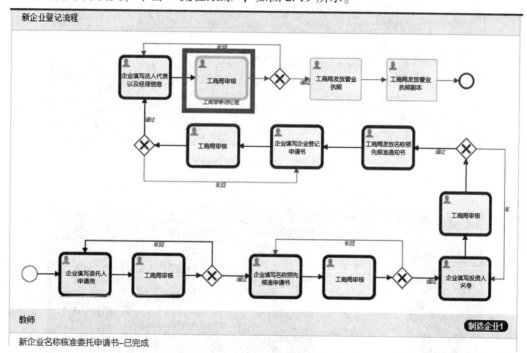

新企业名称核准委托申请书-已完成

图 2.19　企业登记流程—工商局审核

在这一步，企业人员带纸质《法定代表人、董事、经理、监事信息表》去工商局办理相关业务，等待工商局发放营业执照。

2.2　税务登记

企业登记提示信息如图 2.20 所示。

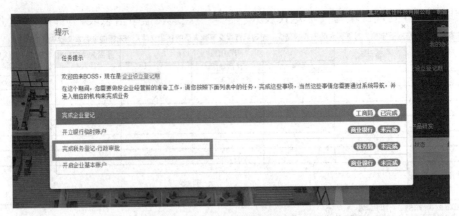

图 2.20 企业登记提示信息

单击"完成税务登记—行政审批",如图 2.21 所示。

图 2.21 税务局行政审批

单击"税务报道"→"增值税一般纳税人资格登记",如图 2.22 所示。

图 2.22 税务报道

单击"新建",如图 2.23 所示。

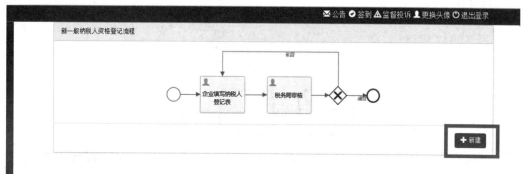

图 2.23　新一般纳税人资格登记流程

填写《增值税一般纳税人资格登记表》,填写后提交并单击"流程跟踪",如图 2.24 所示。

图 2.24　新增值税纳税人资格登记表

查看审核流程,如图 2.25 所示。

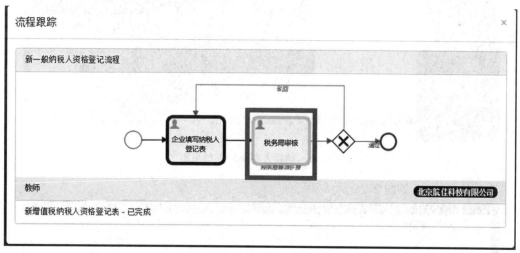

图 2.25　税务局审核流程

企业人员带纸质《增值税一般纳税人资格登记表》去税务局柜台办理,如果被驳回,则修改继续提交,通过则如图 2.26 所示。

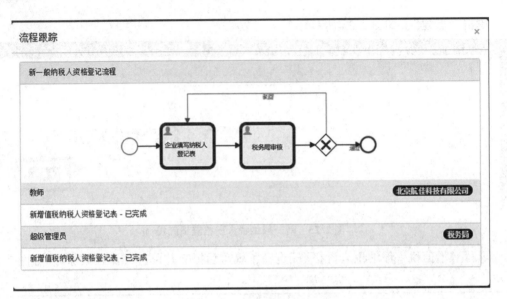

图 2.26 已通过审核

此时单击"税务报道"→"纳税人补充信息表",如图2.27所示。

图 2.27 纳税人税务补充信息表

单击"新建",如图2.28所示。

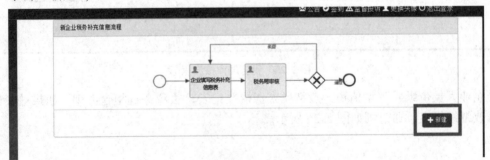

图 2.28 企业税务补充信息流程

填写《纳税人税务补充信息表》，如图 2.29 所示，填写完成后提交。

统一社会信用代码	XXXXXXXXXXXXXXXX		纳税人名称	XX有限责任公司	
核算方式	请选择对应项目打"√" 独立核算		从业人数	6 其中外籍人数 0	
适用会计制度	请选择对应项目打"√" 企业会计制度				
生产经营地	XX 省（市/自治区）XX 市（地区/盟/自治州）XX 县（自治县/旗/自治旗/市/区）XX 道/ 乡（民族乡/镇/街）XX 村（路/社区）XX 号				
办税人员	身份证件种类	身份证件号码	固定电话	移动电话	电子邮箱
王某某	XXXX	XXXXXX	XXXX	XXXXXXXX	XXXX@qq.com
财务负责人	身份证件种类	身份证件号码	固定电话	移动电话	电子邮箱
XXX	XXXX	XXXXXX	XXXX	XXXXXXXX	XXXX@qq.com
税务代理人信息					
纳税人识别号	名称		联系电话	电子信箱	
（统一信用代号）	XX有限责任公司		XXXXX	XXXX@qq.com	
代扣代缴代收代缴税款业务情况					
代扣代缴、代收代缴税种			代扣代缴、代收代缴税款业务内容		
经办人签章（签字）：XX 年XX 月XX 日			纳税人公章（签字）：XX 年XX 月XX 日		
国标行业（主）			主行业明细行业		
国标行业（附）			国标行业（附）明细行业		
纳税人所处街乡	"公司地址"		隶属关系	国地管户类型	
国税主管税务局	XXX市国税局		国税主管税务所（科、分局）	XXX街税务所	
地税主管税务局	XXX市地税局		地税主管税务所（科、分局）	XXX街地税所	
经办人	李XX		信息采集日期	201X年X月XX日	

填表说明：
1．本表由已办理"一照一码"纳税人在首次办理涉税事项时，或者纳税人本表相关内容发生变更时使用，由税务机关根据纳税人提供资料填写，并打印交纳税人确认。当纳税人本表相关内容发生变化时，仅填报变化栏目即可。
2．"生产经营地""财务负责人"栏仅在纳税人信息发生变化时填写。
3．"统一社会信用代码"栏填写纳税人办理"一照一码"证照时工商机关赋予的社会信用代码。
4．"纳税人名称"栏填写纳税人办理"一照一码"证照时的名称。
5．"核算方式"栏选择纳税人会计核算方式，分为独立核算、非独立核算。
6．"适用会计制度"栏选择纳税人适用的会计制度，在企业会计制度、企业会计准则、小企业会计准则、行政事业单位会计制度中选择其一。
7．"国标行业（主）""主行业明细行业""国标行业（附）""国标行业（附）明细行业"栏根据国民经济行业分类标准(GB/T 4754-2011)进行填写。
8．本表一式一份，税务机关留存，纳税人如需留存，请自行复印。

图 2.29 纳税人税务补充信息表

2.3 银行开户

2.3.1 开立银行临时账户

企业开立银行账户的界面如图 2.30 所示。

图 2.30 企业开立银行账户的界面

单击"开户业务"→"临时账户开户申请",如图 2.31 所示。

图 2.31 临时账户开户申请

填写临时账户申请单,如图 2.32 所示。

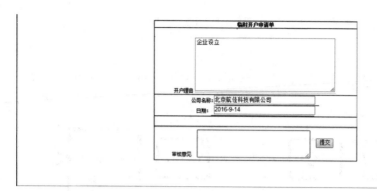

图 2.32 临时开户申请单

填写完成后单击"提交",然后单击"流程跟踪",如图 2.33 所示。弹出临时账号申请流程,如图 2.34 所示。

图 2.33 单击"流程跟踪"

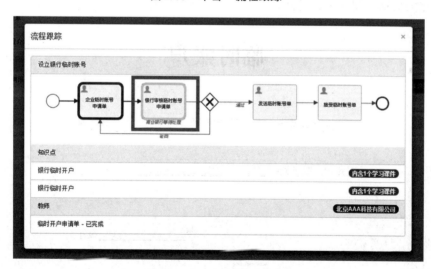

图 2.34 临时账号申请流程

看到银行审核临时账号申请单后,企业人员去银行办理即可。银行办理完毕之后,企业领取下一步任务,如图 2.35 所示。

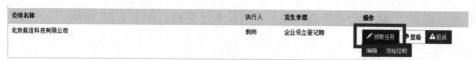

图 2.35 领取任务

企业接受临时账号单，单击"领取并处理"，如图 2.36 所示。

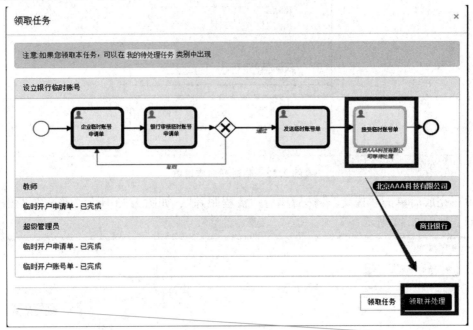

图 2.36 接受临时账号单

填写相关信息，如图 2.37 所示。

图 2.37 领取临时账户回执单

单击"提交"，返回公司界面，即可看到任务已完成，如图 2.38 所示。

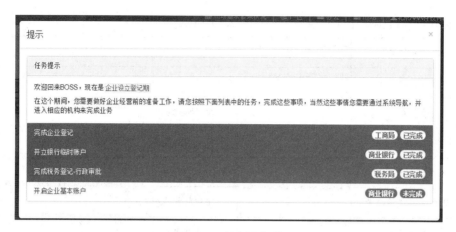

图 2.38 任务已完成

2.3.2 银行基本账户

单击"开户业务",如图 2.39 所示。

图 2.39 开户业务

单击"企业基本开户业务",如图 2.40 所示。

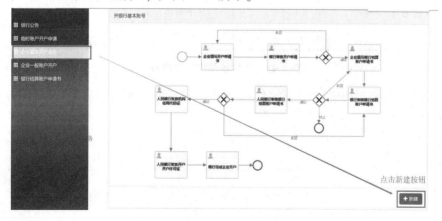

图 2.40 企业基本开户业务

新建并填写机构信用代码申请表，如图 2.41 所示。

申请机构名称	北京XXX科技有限公司				
注册（登记）地址	北京市海淀区中关村XXX				
登记部门	人民银行		组织机构类别	有限责任公司	
登记注册号类型	统一社会信用代码		登记注册号码	XXXXXXXXXXX	
纳税人识别号（国税）	XXXXXXXXXXX		纳税人识别号（地税）	XXXXXXXXXXX	
开户许可证核准号			组织机构代码	XXXXXXXXXXX	
经济类型	私有经济		成立日期	XXX年XXX月XXX日	
注册资本币种	人民币		注册资本（万元）	1000	
办公（生产）地址	北京市海淀区中关村XXX			联系电话	XXXXXXXX

法定代表人（负责人）信息					
姓名	李XX	证件类型	身份证	证件号码	41XXXXXXXXX

上级机构(主管单位)信息				
名称				
登记注册号类型	营业执照上		登记注册号码	
机构信用代码			组织机构代码	

本机构自愿申请机构信用代码，授权经办人提出申请并承诺所提供的信息真实、有效。 经办人（签字）：XXX 联系电话：XXX 　　　XX 年XX 月XX 日	受理申请商业银行名称： 　　XXXX银行 经办人（签字）： 联系电话： 　　　XX 年XX 月XX 日

图 2.41　机构信用代码申请表

填写完毕后提交，待银行审批通过后，填写《开立单位银行结算账户申请书》，如图 2.42 所示。

存款人	"单位名称"		电话	XXXXXX	
地址	XXXXXXX		邮编	XXXXX	
存款人类别	有限责任公司	社会信用代码	"营业执照上"		
●单位负责人 ● 法定代表人	姓名	XXX			
	证件种类	XXXXXXXXXXXXXXXXXXXXX			
行业分类	□D □E □F □G □A □B ☑C □L □M □N □O □H □I □J □K □T □Q □P □S □R				
注册资金	1000	地区代码	XXX		
经营范围	手机制造				
证明文件种类	营业执照	证明文件编号	"统一社会信用代码"		
税务登记证编号 （国税或地税）	"统一社会信用代码"			一般是20年	
关联企业	关联企业信息填列在"关联企业登记表"上				
账户性质	基本账户				
资金性质	经营资金	有效期至	XXXX 年 x 月 x 日		

以下栏目由开户银行审核后填写：

开户银行名称	XXXX银行	开户银行机构代码	
账户名称	北京XXX科技有限公司	账号	
基本存款账户开户许可证核准号		开户日期	

本存款人申请开立单位银行结算账户，并承诺所提供的开户资料真实、有效。	开户银行审核意见： 同意	人民银行审核意见： 同意
	经办人（签章）XXX	经办人（签章）XX
存款人（公章）XX公司 XXX 年XX月XX日	存款人（签章）XXX XX 年XX月XX日	人民银行（签章）XX XX 年XX月XX日

图 2.42 开立单位银行结算账户申请书

填写完毕后提交，单击"流程跟踪"，如图 2.43 所示。

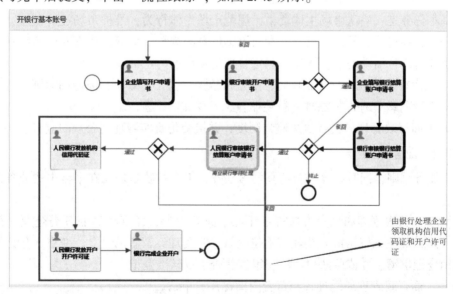

图 2.43 企业开户流程跟踪图

根据"流程跟踪"显示，单击领取信用代码证和开户许可证，等待审批结束后，开户任务即完成。

工商局

1. 工商局①介绍

工商局全称为工商行政管理局，其在仿真实习环境中的主要作用是为企业成立提供支持，为其生产运营提供良好的市场环境，并对企业的运营进行检查和监督管理。

1.1 机构章程

1.1.1 业务总则

根据工商行政管理局在仿真市场环境中的作用，其业务总则包括以下几条。

（1）工商行政管理局是仿真实习环境中的管理机构，监督仿真市场的运行，维护仿真实习环境的经济秩序和工作秩序，促进仿真市场经济的健康发展。

（2）工商行政管理局是虚拟的职能机构，主管市场监督管理和行政执法。工商行政管理局的基本任务是：确认市场主体资格，规范市场主体行为，维护市场经济秩序，保护商品生产经营者和消费者的合法权益；参与市场体系的规划、培育；负责商标的统一注册和管理；实施对广告活动的监督管理；监督管理仿真市场的正常有序运行。

（3）工商行政管理局行使职权时，要坚持依法、公正、效率、廉洁的原则。

（4）工商行政管理局依法独立行使职权，不受非法干预。

（5）工商行政管理局实行执法监督制度，并接受仿真实习环境公众的监督。

1.1.2 业务细则

根据业务总则，同时结合平台仿真学习任务，工商行政管理局在平台中的业务及其规则如下。

（1）工商行政管理局负责仿真实习环境中商品生产、经营活动的各类企业（简称经营者，下同）的法人资格或合法经营地位确认。它受理经营者的设立、变更、分公司的设立和注销登记申请，并依照法律、法规审查是否予以核准登记。

（2）工商行政管理局受理各经营者的商标注册申请。

---

① 工商局于 2018 年 3 月改为市场监督管理局，因本软件中依然设置的"工商局"，软件修改难度较大，故本书仍沿用"工商局"。

（3）工商行政管理局负责对已成立公司和其分公司的年度检查，对各个经营者的登记注册及其相关活动进行监督管理。

（4）工商行政管理局接受仿真实习环境中任何组织和个人的举报、申诉登记，并对其进行记录、查证、处理，同时负有保护投诉人，保证不泄漏投诉内容的义务。

（5）工商行政管理局可对各个仿真企业的违法行为进行处罚，根据其触犯情况的严重程度，对其处以不同数额的罚款。

1.2 机构职能介绍

工商行政管理局是国家为了建立和维护市场经济秩序，通过市场监督管理和行政执法等机关，运用行政和法律手段，对市场经营主体及其市场行为进行监督管理。

工商行政管理局的主要职责如下。

（1）负责市场监督管理和行政执法相关工作，起草有关法律法规草案，制订工商行政管理规章和政策。

（2）负责各类企业、农村合作社和从事经营活动的单位、个人以及外国（地区）企业常驻代表机构等市场主体的登记注册并监督管理，依法查处取缔无照经营的企业及个体户。

（3）承担依法规范和维护各类市场经营秩序的责任，负责监督管理市场交易行为和网络商品交易及有关服务的行为。

（4）承担监督管理流通领域商品质量和流通环节食品安全的责任，组织开展有关服务领域的消费维权工作，查处假冒伪劣产品等违法行为，指导消费者咨询、申诉，举报受理和网络体系建设等工作，保护经营者、消费者合法权益。

（5）查处违法直销和传销案件，依法监督管理直销企业和直销员及其直销活动。

（6）负责垄断协议、滥用市场支配地位、滥用行政权力排除限制竞争方面的反垄断执法工作（价格垄断行为除外）。依法查处不正当竞争、商业贿赂、走私贩私等经济违法行为。

（7）负责依法监督管理经纪人、经纪机构及经纪活动。

（8）依法实施合同行政监督管理，负责管理动产抵押物登记，组织监督管理拍卖行为，负责依法查处合同欺诈等违法行为。

（9）指导广告业发展，负责广告活动的监督管理工作。

（10）负责商标注册和管理工作，依法保护商标专用权和查处商标侵权行为，处理商标争议事宜，加强驰名商标的认定和保护工作。负责特殊标志、官方标志的登记、备案和保护。

（11）组织企业、个体工商户、商品交易市场信用分类管理，研究分析并依法发布市场主体登记注册基础信息、商标注册信息等，为政府决策和社会公众提供信息服务。

（12）负责个体工商户、私营企业经营行为的服务和监督管理。

（13）开展工商行政管理方面的国际合作与交流。

（14）领导全国工商行政管理业务工作。

（15）承办国务院交办的其他事项。

1.3 机构业务介绍

工商行政管理局在实训平台中的主要作用是模拟现实社会中工商局的部分业务功能，具体如下。

1）名称预先核准

本业务主要是对公司申请的企业注册名称进行核准对比，如果已经存在此名称，则需要提示企业重新对名字进行设定。

2）企业设立登记

企业名称预先核准审核通过后，企业就可以填写企业设立登记申请书，等待工商行政管理局的审核，审核通过后企业正式成立。

3）商标注册

商标注册是商标使用人取得商标专用权的前提和条件，只有经核准注册的商标，才受法律保护。在商标注册申请过程中，灵活地运用商标注册策略，对保护商标及商标权、开拓国内外市场有非常重要作用。

1.4 机构岗位说明

1）所长职责

所长全面主持工商所工作。

（1）组织开展全所思想政治教育，加强党风廉政建设。

（2）抓好内部管理。完善各项工作制度，强化队伍管理，组织业务学习，提高工商所综合履职能力和服务效能。

（3）组织制订全所工作计划，抓好各项工作任务的落实。

（4）协调工商所与地方党委、政府及有关部门关系。

（5）完成上级机关交办的其他工作。

2）副所长职责

副所长协助所长开展工作。

（1）协助所长抓好队伍的思想建设、作风建设和业务建设。

（2）根据分工，抓好分管工作。

（3）完成上级机关和所长交办的其他工作。

3）内勤管理员职责

内勤管理员主要负责文秘、财务和综合协调工作。

（1）负责文秘工作，起草各种文稿，做好文件收发传阅、归档管理、报表统计和各种会议记录；做好政务公开、信息报送及宣传工作。

（2）负责财务管理、固定资产管理、后勤保障及安全保卫工作。

（3）负责受理群众的举报、投诉、信访。

（4）完成上级交办的其他工作。

4）登记注册员职责

登记注册员主要负责办理登记注册、年检（验照）有关工作。

（1）办理辖区内个体工商户的设立、变更、注销登记等业务，依指派办理企业的设立、变更、注销等登记业务。

（2）依指派办理辖区内企业年度检验事务及个体工商户的验照、换照工作。

（3）依指派办理辖区内经营者申请的动产抵押登记、户外广告登记以及经纪执业人员等相关备案工作。

（4）负责接受涉及工商所职能、职责的业务咨询。

（5）负责及时录入（校准）登记管理数据。

（6）完成上级交办的其他工作。

5）监管执法员职责

监管执法员主要负责辖区内市场主体及其经营活动的监督检查和行政执法，开展服务维权工作。

（1）依据相关法律、法规和规章的规定，负责对辖区内市场主体的经营活动实施监督检查。

（2）依法查处辖区内市场主体违法经营行为，以及上级交办的案件。

（3）处理消费者申诉和举报，调解消费者权益纠纷。

（4）完成上级交办的其他工作。

6）其他人员职责

电脑信息员、纪检监察员等岗位可由上述岗位人员兼任，并根据上级有关要求履行相应职责。后勤服务人员岗位职责由县级工商局或工商所根据实际需要确定。

2. 注册与登录

2.1　平台注册与登录

平台注册与登录参考项目二1.1节相关内容。

2.2　工商局进入

在平台园区图中选择③政务服务区模块，单击工商局，进入企业。

单击具体企业的时候，系统会进行判断，如果单击的是本企业，则自动进入企业。如果不是归属企业，则进入这家企业的外围服务机构。

例如：如果账号绑定的企业是制造企业，到工商局去办理企业注册登记，如图3.1所示。

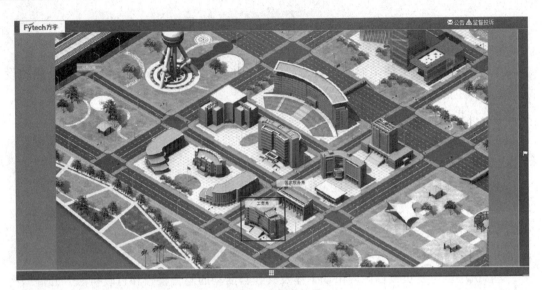

图 3.1　工商局位置

3. 进入工商局

工商局操作界面如图 3.2 所示。

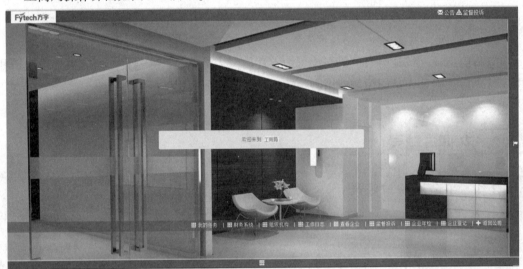

图 3.2　工商局操作界面

3.1　企业登记

新企业登记流程如图 3.3 所示。

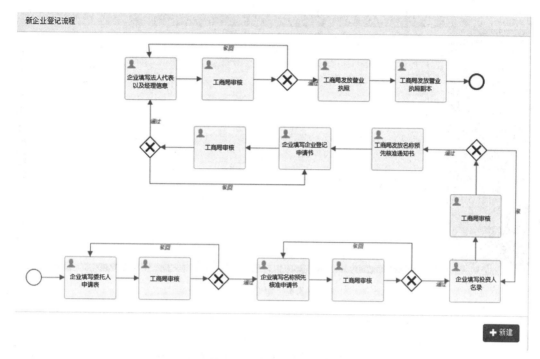

图 3.3　新企业登记流程

企业名称预先核准委托人代理申请流程如下。

（1）单击"企业登记"→"企业设立登记"→"名称预先核准委托人代理申请书"。

（2）工商局工作人员审核企业提交的《名称预先核准委托人代理申请书》，同时审核企业提交的纸质材料，如图 3.4 所示。

图 3.4　企业登记操作界面

（3）查看审核列表，如图 3.5 所示。

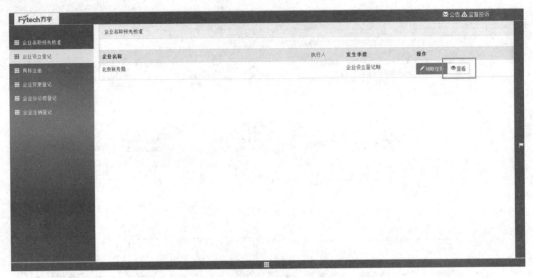

图 3.5 审核列表

（4）如果确认受理，单击"领取任务"，处理电子版《名称预先核准委托人代理申请书》，审核无误后单击"通过"，有问题则单击驳回。

（5）如果驳回，工商局需通知企业重新填写单据并提交审核。

3.2 企业名称预先核准

企业填写完成《名称预先核准申请书》后，工商局可"领取并处理"任务，审核在线材料及纸质版，如图 3.6 所示。

图 3.6 企业名称预先核准申请操作界面

企业名称预先核准完毕后，界面如图 3.7 所示。

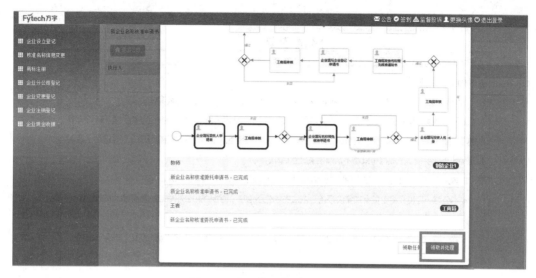

图 3.7 企业名称预先核准流程

3.3 投资人名录

企业填写并提交《投资人（合伙人）名录》后，工商局可审核在线材料及纸质版，审核无误后选择通过；如有问题，则驳回，并通知被驳回的企业重新填写并提交材料，如图 3.8 所示。

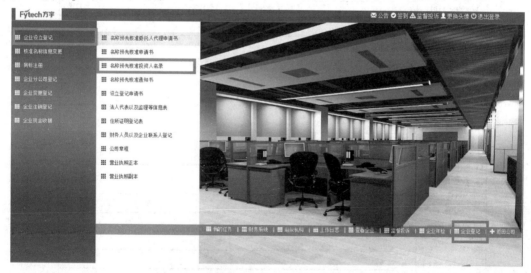

图 3.8 名称预先核准投资人名录操作界面

审核通过《投资人（合伙人）名录》后，工商局需再次领取任务，填写《企业名称预先核准通知书》并发送给企业。

3.4 内资公司设立登记申请

（1）企业接收《企业名称预先核准通知书》，并填写《内资公司设立登记申请书》，如图 3.9 所示，提交工商局进行审核。

公司名称：安迅电子科技有限责任公司

郑重承诺

本人 张三 拟任 安迅电子科技有限责任公司 （公司名称）的法定代表人，现向登记机关提出公司设立申请，并就如下内容郑重承诺：

1.如实向登记机关提交有关材料，反映真实情况，并对申请材料实质内容的真实性负责。

2.经营范围涉及照后审批事项的，在领取营业执照后，将及时到相关审批部门办理审批手续，在取得审批前不从事相关经营活动。需要开展未经登记的后置审批事项经营的，将在完成经营范围变更登记后，及时办理相应审批手续，未取得审批前不从事相关经营活动。

3.本人不存在《公司法》第一百四十六条所规定的不得担任法定代表人的情形。

4.本公司一经设立将自觉参加年度报告，依法主动公示信息，对报送和公示信息的真实性、及时性负责。

5.本公司一经设立将依法纳税，自觉履行法定统计义务，严格遵守有关法律法规的规定，诚实守信经营。

法定代表人签字：张三

□ 年 □ 月 □ 日

登记基本信息表

公司名称	安迅电子科技有限责任公司					
住　　所①		北京市	市 丰台区	区（县）****		（门牌号）
生产经营地②		省（区、市）北京市		市 丰台区	县 ****	（门牌号）
法定代表人③	张三	注册资本④		100000000		万元
公司类型	合资经营企业					
经营范围	电子器件设计					
营业期限	长期/20 年	申请副本数	1 份			
股东（发起人）名称或姓名	· 张三					
	· 李四					
	·					
	·					

注：①填写住所时请列明详细地址，精确到门牌号或房间号，如"北京市XX区XX路（街）XX号XX室"。
②生产经营地用于核实税源，请如实填写详细地址；如不填写，视为与住所一致。发生变化的，由企业向税务主管机关申请变更。
③公司"法定代表人"指依据章程确定的董事长（执行董事或经理）。
④"注册资本"有限责任公司为在公司登记机关登记的全体股东认缴的出资额；发起设立的股份有限公司为在公司登记机关登记的全体发起人认购的股本总额；募集设立的股份有限公司为在公司登记机关登记的实收股本总额。
⑤本页不够填的，可复印填补。

提交

图3.9　内资公司设立登记申请书

（2）工商局审核《内资公司设立登记申请书》，如图3.10所示，如无误则选择通过，有问题则选择"驳回"。企业修改后再次提交，直至工商局审核通过。

（3）企业填写法人代表以及监理等信息表，并提交工商局审核。

法定代表人、董事、经理、监事信息表①

股东在本表的盖章或签字视为对下列人员职务的确认。如可另行提交下列人员的任职文件，则无需股东在本表盖章或签字。

姓名	现居所②	职务信息			是否为法定代表人⑤	法定代表人移动电话
		职务③	任职期限	产生方式④		
张三	北京朝阳区	董事长			✓	18611111111
李四	北京丰台区	副董事长				
全体股东盖章（签字）⑥：						

注：① 本页不够填的，可复印续填。
　　② "现居所"栏，中国公民填写户籍登记住址，非中国公民填写居住地址。
　　③ "职务"指董事长（执行董事）、副董事长、董事、经理、监事会主席、监事。上市股份有限公司设置独立董事的应在"职务"栏内注明。
　　④ "产生方式"按照章程规定填写，董事、监事一般应为"选举"或"委派"；经理一般应为"聘任"。
　　⑤ 担任公司法定代表人的人员，请在对应的"是否为法定代表人"栏内填"√"，其他人员勿填此栏。
　　⑥ "全体股东盖章（签字）"处，股东为自然人的，由股东签字；股东为非自然人的，加盖股东单位公章。不能在此页盖章（签字）的，应另行提交
　　　有关选举、聘用的证明文件。

图 3.10　法人代表以及监理等信息表

（4）工商局审核法人代表以及监理等信息表，确认无误后，填写并发放《营业执照》及副本，如图 3.11 所示。

发照人员签字		发照日期	
领执照情况	本人领取了执照正本一份，副本 1 份。 签字：　　　　　　　时间：		
备　注			

一次性报告情况

您提交的文件、证件还需要进一步修改或补充，请您按照第＿＿＿号一次性告知单中的提示部分准备相应文件，此外，还应提交下列文件：

被委托人	TST	受理人：		时间：	

提交　　　　　　　　　　　　　　　　　　○驳回 ●通过

图 3.11　核发营业执照情况

3.5 企业变更登记

工商局单击左侧二级菜单"企业变更（改制）登记（备案）"，如图 3.12、图 3.13 所示。

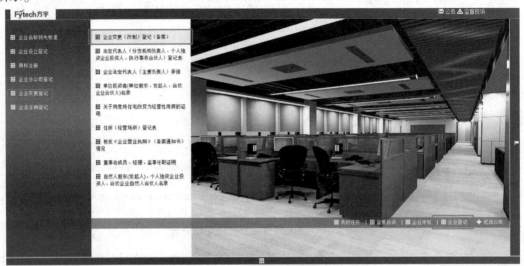

图 3.12 企业变更登记操作界面

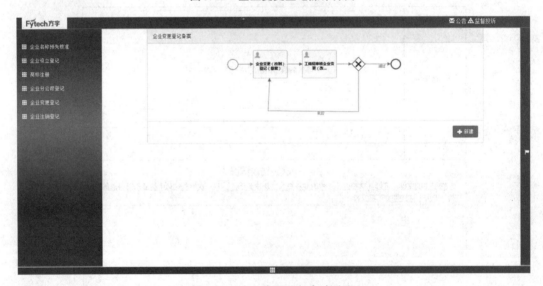

图 3.13 企业变更登记备案流程

单击企业变更登记申请书，审核企业提交的《企业变更登记申请书》，如图 3.14 所示。

图 3.14　企业变更登记审核界面

单击"审核",如无误,则通过;如需修改,则驳回。

审核通过后,请企业填写纸质版《企业变更登记申请书》。

《企业法定代表人登记申请书》《核发情况等变更登记申请书》审核同《企业变更登记申请书》审核过程相同,完成以上登记审核后,企业变更登记成功。

3.6　企业分公司登记

工商局可对企业分公司的登记情况进行审核,根据审核结果确认通过或驳回,审核过程同企业变更登记,如图 3.15、图 3.16 所示。

图 3.15　分公司登记申请操作界面

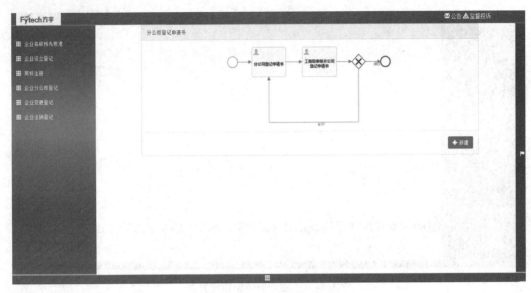

图 3.16　分公司登记申请流程

3.7　企业注销登记

工商局可对企业注销登记进行审核，包括《企业注销登记申请书》《指定委托书》等，审核过程同企业变更登记，如图 3.17、图 3.18 所示。

图 3.17　企业注销登记申请操作界面

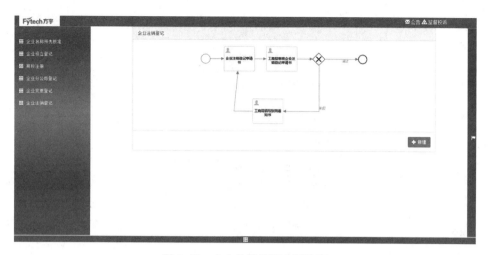

图 3. 18　企业注销登记申请流程

4. 企业年检

4. 1　企业年检管理

单击"企业年检"→"申请年检报告书"，具体如图 3. 19、图 3. 20 所示。

图 3. 19　企业年检操作界面

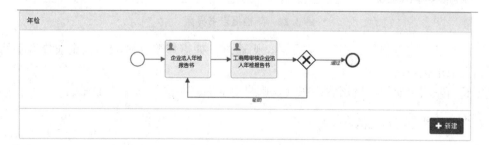

图 3. 20　企业年检流程

工商局获取任务并审核企业的《年检报告书》，如图 3.21、图 3.22 所示。

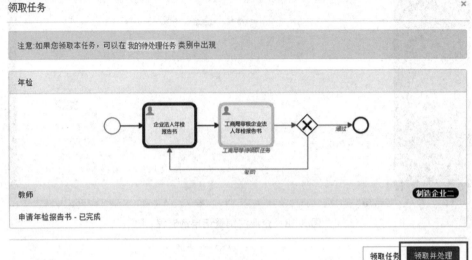

图 3.21　领取年检处理任务

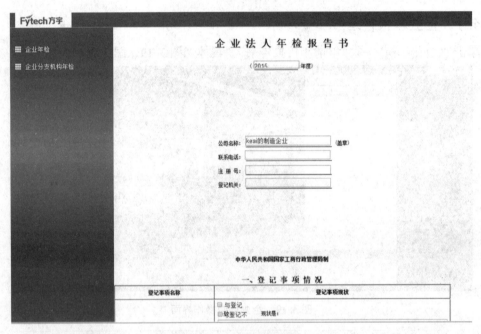

图 3.22　年检报告书界面

工商局审核《年检报告书》，如无误，则通过；如需修改，则驳回，企业修改后重新提交，直至审核通过。

工商局完成企业年检审核后，在营业执照副本加盖年检公章（线下完成）。

4.2　企业分支机构年检

工商局对企业分支机构进行年检时，需查看分支机构企业年检报告书，审核过程同企业年检相同。工商局审核完成后在企业分支机构营业执照副本加盖年检公章，如图3.23所示。

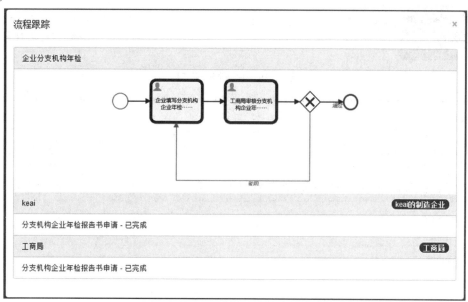

图3.23　企业分支机构年检流程跟踪

4.3　监督投诉

4.3.1　监督投诉具体流程

工商局对企业填写的《举报登记单》进行审核，核实举报信息，进行处理。

例如，企业申请单击投诉，并写明理由，如图3.24、图3.25、图3.26所示。

图3.24　举报登记单操作界面

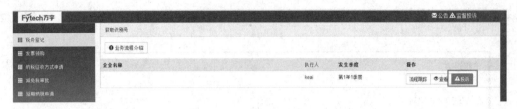

图 3.25　投诉操作窗口

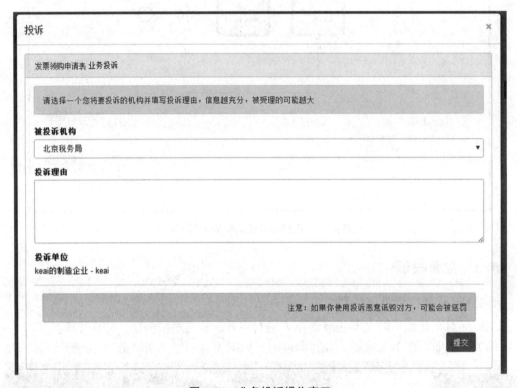

图 3.26　业务投诉操作窗口

工商局在"我的任务"→"待处理任务"中完成举报登记单，如图 3.27 所示。

图 3.27　工商投诉处理窗口

4.3.2　审核举报登记单

举报登记单操作界面如图 3.28 所示。

图 3.28　举报登记单操作界面

4.3.3　审核申诉登记单

申诉登记单审核流程如图 3.29 所示。

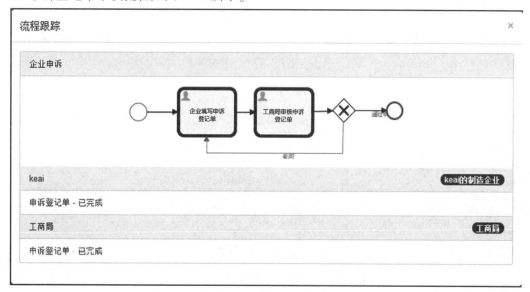

图 3.29　申诉登记单审核流程

核心企业到工商局申请登记单，工商局对登记单进行审核，并依法进行行政处罚，如图 3.30 所示。

图 3.30　申诉登记单操作界面

5. 查看企业

5.1　查看报表

工商局可查询各企业每个季度的资产负债表及利润表，如图 3.31、图 3.32 所示。

FOCUS媒体有限公司	SURPLUS制造有限公司
第1年1季度	第1年1季度
第1年2季度	第1年2季度
第1年3季度	第1年3季度
第1年4季度	第1年4季度
第2年1季度	第2年1季度
第2年2季度	第2年2季度
第2年3季度	第2年3季度
第2年4季度	第2年4季度
第3年1季度	第3年1季度
第3年2季度	第3年2季度
第3年3季度	第3年3季度

图 3.31　企业资产负债表及利润表总表

SURPLUS制造有限公司 第3年3季度 资产负债表

资产负债表

资产	行次	期初余额	期末余额	负债和所有者权益(或股东权益)	行次	期初余额	期末余额
流动资产				流动负债			
货币资金	1	13,710,297.00	34,204,460.00	短期借款	32	0.00	0.00
交易性金融资产	2	0.00	0.00	交易性金融负债	33	0.00	0.00
应收票据	3	0.00	0.00	应付票据	34	0.00	0.00
应收账款	4	24,000,000.00	24,000,000.00	应付账款	35	258,000.00	108,000.00
预付款项	5	0.00	0.00	预收款项	36	0.00	0.00
应收利息	6	0.00	0.00	应付职工薪酬	37	551,000.00	551,000.00
应收股利	7	0.00	0.00	应交税费	38	12,471,496.57	17,468,972.00
其他应收款	8	0.00	0.00	应付利息	39	0.00	0.00
存货	9	3,863,069.07	0.00	应付股利	40	0.00	0.00
一年内到期的非流动资产	10	0.00	0.00	其他应付款	41	0.00	0.00
其他流动资产	11	0.00	0.00	一年内到期的非流动负债	42	0.00	0.00
流动资产合计	12	41,573,366.07	58,204,460.00	其他流动负债	43	0.00	0.00
非流动资产				流动负债合计	44	13,280,496.57	18,127,972.00
可供出售金融资产	13	0.00	0.00	非流动负债			
持有至到期投资	14	0.00	0.00	长期借款	45	0.00	0.00
长期应收款	15	0.00	0.00	应付债券	46	0.00	0.00
长期股权投资	16	0.00	0.00	长期应付款	47	0.00	0.00
投资性房地产	17	0.00	0.00	专项应付款	48	0.00	0.00
固定资产	18	8,396,250.00	8,185,000.00	预计负债	49	0.00	0.00
在建工程	19	0.00	0.00	递延所得税负债	50	0.00	0.00
工程物资	20	0.00	0.00	其他非流动负债	51	0.00	0.00
固定资产清理	21	0.00	0.00	非流动负债合计	52	0.00	0.00
生产性生物资产	22	0.00	0.00	负债合计	53	13,280,496.57	18,127,972.00
油气资产	23	0.00	0.00	所有者权益（或股东权益）：	54		
无形资产	24	0.00	0.00	实收资本（或股本）	55	10,000,000.00	10,000,000.00
开发支出	25	0.00	0.00	资本公积	56	0.00	0.00
商誉	26	0.00	0.00	减：库存股		0.00	0.00
长期待摊费用	27	0.00	0.00	盈余公积	57	0.00	0.00
递延所得税资产	28	0.00	0.00	未分配利润	58	26,689,119.50	38,261,488.00
其他非流动资产	29	0.00	0.00	所有者权益（或股东权益）合计	59	36,689,119.50	48,261,488.00
非流动资产合计	30	8,396,250.00	8,185,000.00				
资产总计	31	49,969,616.07	66,389,460.00	负债和所有者权益（或股东权益）合计	60	49,969,616.07	66,389,460.00

图 3.32　企业资产负债表及利润表明细

5.2　工作日志

工商局每天可在系统编写或查询工作日志，如图 3.33、图 3.34 所示。

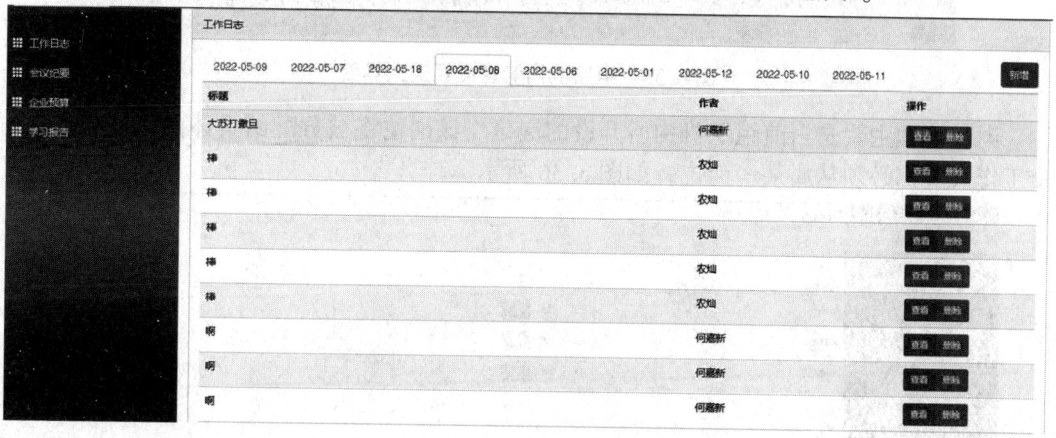

图 3.33　工作日志汇总

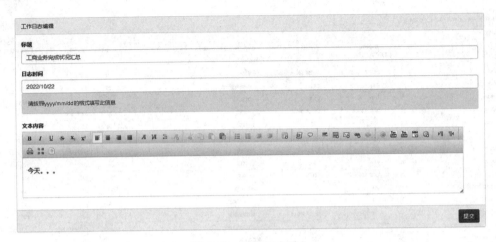

图 3.34　工作日志录入

5.3　组织机构

组织机构管理主要包括两个模块：岗位管理、人员管理。组织机构管理设置进入界面如图 3.35 所示。

图 3.35　组织机构管理设置进入界面

岗位管理主要是当前组织机构所开设的岗位，该岗位将被分配给具体的工作人员；每个工作人员都必须从属某一岗位，如图 3.36 所示。

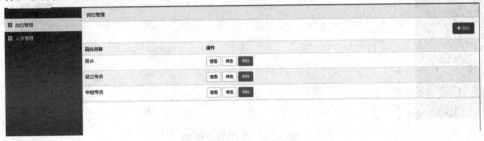

图 3.36　岗位管理

人员管理主要包括：人员列表和新增工作人员，如图 3.37 所示。

图 3.37 岗位设置

对于具体工作人员，组织机构负责人可对其分配岗位，也可通过"监控"功能切换员工身份，使被"监控"人员以特定的角色开展工作，在部分员工未到位情况下，组织机构负责人也可通过"监控"功能，让其他岗位的工作人员代替其完成岗位职责。

组织机构负责人在工作人员到岗前，可在"人员管理"模块和工作人员签订"人事合同"。组织机构负责人还可根据实际情况删除工作人员信息；除岗位配置外，组织负责人可利用"修改功能"对工作人员的岗位进行调整。

6. 工商局样表单据

（1）《名称预先核准委托书》（图 3.38）。

名称预先核准委托书

本人　张三　，接受投资人（合伙人）委托，现向登记机关申请名称预先核准，并郑重承诺：如实向登记机关提交有关材料，反映真实情况，并对申请材料实质内容的真实性负责。

委托人（投资人或合伙人之一）　　　　　　　申请人（被委托人）

　（签字或盖章）　×××　　　　　　　　　　（签字）　张三

申请人身份证明复印件粘贴处

（身份证明包括：中华人民共和国公民身份证（正反面）、护照（限外籍人士）、长期居留证明（限外籍人士）、港澳永久性居民身份证或特别行政区护照、台湾地区永久性居民身份证或护照、台胞证、军官退休证等）

联系电话：137 **** 1659　　　　　　　　邮政编码：100000

通信地址：北京市海淀区　　　　　　　　申请日期：**** 年 ** 月

图 3.38 名称预先核准委托书

（2）《名称预先核准申请书》（图3.39）。

名称预先核准申请书

申请名称	北京友谊科技有限公司			
备选字号	1		4	
	2		5	
	3		6	
主营业务				
企业类型	○合资经营企业○港澳台个体工商户○股份有限公司○合伙企业○有限责任公司○股份合作○个人独资企业○外资企业○集体所有制企业○个体工商户○合作经营企业○农民专业合作组织○全面所有制企业			
	○分支机构			
字号许可方式（无此项可不填写）	○投资人字号/姓名许可○商标授权许可○非投资人字号许可	许可方名称（姓名）及证照或证件号码	张三+（身份证号/其他有效证件号）	
注册资本（金）或资金数额或出资额（运营资金）	（小写）__1 000__万元（如为外币请注明币种）			
备注说明				

注：①申请名称：行政区域+字号+行业特征+组织形式，例如：北京无敌科技有限公司，无敌就是其中的字号，并且也是它的名字，备选字号需要多写几个名字，以免重复。

②"主营业务"是指企业从事的主要经营项目，如信息咨询、科技开发等。企业名称中的行业用语表述应当与其"主营业务"一致。主营业务包括两项及以上的，以第一项主营业务确定行业用语。

③填写"企业类型"栏目时，请在相应选项对应的"○"内打"√"，勾选"分支机构"类型的，请对其所从属企业的类型也进行勾选。例如：北京华达贸易有限公司分公司的"企业类型"可选择"有限责任公司"和"分支机构"两种类型。

④本申请表中所称企业均包括个体工商户。

图3.39 名称预先核准申请书

（3）内资公司设立登记申请书及登记基本信息表（图 3.40、表 3.1）。

内资公司设立登记申请书

公司名称：北京友谊科技有限公司

郑重承诺

本人　张三　拟任北京友谊科技有限公司（公司名称）的法定代表人，现向登记机关提出公司设立申请，并就如下内容郑重承诺：

1. 如实向登记机关提交有关材料，反映真实情况，并对申请材料实质内容的真实性负责。

2. 经营范围涉及照后审批事项的，在领取营业执照后，将及时到相关审批部门办理审批手续，在取得审批前不从事相关经营活动。需要开展未经登记的后置审批事项经营的，将在完成经营范围变更登记后，及时办理相应审批手续，未取得审批前不从事相关经营活动。

3. 本人不存在《公司法》第一百四十六条所规定的不得担任法定代表人的情形。

4. 本公司一经设立将自觉提交年度报告，依法主动公示信息，对报送和公示信息的真实性、及时性负责。

5. 本公司一经设立将依法纳税，自觉履行法定统计义务，严格遵守有关法律法规的规定，诚实守信经营。

法定代表人签字：张三

***年　　***月　　***日

图 3.40　登记申请书

表 3.1　登记基本信息表

公司名称	北京友谊科技有限公司			
住所	北京　市　　海淀区（县）　　001（门牌号）			
生产经营地	北京　市　　海淀区（县）　　001（门牌号）			
法定代表人	张三	注册资本	1 000　万元	
公司类型	有限责任公司			
经营范围	手机生产与销售			
经营期限	长期/20 年	申请副本数	1 份	
股东（发起人）名称或姓名	张三			

注：①填写住所时请列详细地址，精确到门牌号或房间号，如"北京市××区××路（街）××号××室"。

②生产经营地用于核实税源，请如实填写详细地址，如不填写，视为与住所一致；发生变化时，由企业向税务主管机关申请变更。

③公司"法定代表人"指依据章程确定的董事长（执行董事或经理）。

④"注册资本"是有限责任公司在公司登记机关登记的全体股东认缴的出资额，或是发起设立的股份有限公司在公司登记机关登记的全体发起人认购的股本总额，或是募集设立的股份有限公司在公司登记机关登记的实收股本总额。

（4）《法定代表人、董事、经理、监事信息表》（表3.2）。

表3.2　法定代表人、董事、经理、监事信息表

股东在本表盖章或签字后即是对下列职务的确认。如另行提交下列人员的任职文件，则无须股东在本表上盖章或签字。

姓名	现居所	职务信息			是否为法定代表人	法定代表人移动电话
		职务	任职期限	产生方式		
张三	北京	董事长	20年	选举	√	137 **** 1659
全体股东盖章签字	张三					

注：①如本页不够，可复印续填。

②"现居所"栏，中国公民填写户籍住址，非中国公民填写居住地址。

③"职务"指董事长（执行董事）、副董事长、董事、经理、监事会主席、监事，上市股份有限公司设置独立董事的应在"职务"栏内注明。

④"产生方式"按照章程规定填写，董事、监事一般应为"选举"或"委派"；经理一般应为"聘任"。

⑤担任公司法定代表人的人员，请在对应的"是否为法定代表人"栏内填"√"，其他人员勿填此栏。

⑥"全体股东盖章（签字）"处，股东为自然人的，由股东签字；股东为非自然人的，加盖股东单位公章。不能在此页盖章（签字）的，应另行提交有关选举、聘用的证明文件。

（5）核发营业执照（图3.41）。

发照人员签字	工商局发照人员签名	发照日期	****年**月**日
领执照情况	本人领取了执照正本1份，副本1份。 签字：张三　　　时间：****年**月**日		
备注			
一次性报告情况			
您提交的文件、证件还需要进一步修改或补充，请您按照第____号一次性告知单中的提示部门准备相应文件，此外，还应提交下列文件： 被委托人：张三　　　受理人：工商局人员　　　时间：****年**月**日			

图3.41　核发营业执照

（6）投资人（合伙人）名录（图3.42）。

图3.42　投资人（合伙人）名录

序号	投资人（合伙人）名称或姓名	投资人（合伙人）证照或身份证件号码	投资人（合伙人）类型	拟投资额（出资额）/万元	国别（地区）或省市（县）
1	张三	身份证号	企业法人	1 000	北京
2					
3					
4					
5					
6					

注：①请您认真阅读《投资办照通用指南及风险提示》中有关投资人资格的说明，避免后期更换投资人给您带来的不便。

②投资人（合伙人）名称或姓名应当与资格证明文件上的名称或身份证明文件的姓名一致，境外投资人（合伙人）名称或姓名应翻译成中文，准确无误填写。申请设立分支机构，请在"投资人（合伙人）名称或姓名"栏目中填写隶属企业的名称。

③"投资人（合伙人）类型"栏，填自然人、企业法人、事业法人、社团法人或其他经济组织。

④"国别（地区）或省市（县）"栏内，外资企业的投资人（合伙人）填写其所在国别（地区），内资企业投资人（合伙人）填写证照核发机关所在省、市（县）。

⑤本页可另复印填写。

一次性告知记录

您提交的文件、证件还需要进一步修改或补充，请您按照第____号一次性告知单中的提示部分准备相应文件，此外，还应提交下列文件：

被委托人：张三　　　　　受理人：工商局人员　　　　　时间：****年**月**日

国际货运代理

》》 1. 国际货运代理介绍

国际货运代理，简称国际货代，主要是受委托方的委托，从事有关货物运输、转运、仓储、装卸等事宜。一方面，它与货物托运人订立运输合同，另一方面，又与运输部门签订合同。目前，相当部分的货物代理人掌握了大量运输工具和储存货物的库场，在经营其业务时办理包括海、陆、空在内的货物运输。

在仿真实习环境中，国际货运代理企业作为代理人或独立经营人从事经营活动，其经营范围如下。

（1）揽货、订舱（含租船、包机、包舱）、托运、仓储、包装。

（2）货物的监装、监卸，集装箱装拆箱、分拨、中转及相关的短途运输服务。

（3）报关、报检、报验、保险。

（4）缮制签发有关单证、交付运费、结算及交付杂费。

（5）国际展品、私人物品及过境货物运输代理。

（6）国际多式联运、集运（含集装箱拼箱）。

（7）国际快递（不含私人信函）。

（8）咨询及其他国际货运代理业务。

根据经营范围，国际货运代理按运输方式分为海运代理、空运代理、汽运代理、铁路运输代理、联运代理、班轮货运代理、不定期船货运代理、液散货货运代理等；按委托项目和业务过程分为订舱揽货代理、货物报关代理、航线代理、货物进口代理、货物出口代理、集装箱货运代理、集装箱拆箱装箱代理、货物装卸代理、中转代理、理货代理、储运代理、报检代理和报验代理等。

国际货代所从事的业务主要有以下几个方面。

1）为发货人服务

货代代替发货人办理在不同货物运输中的所有手续。

（1）以最快、最省的运输方式，安排合适的货物包装，选择合适的运输路线。

（2）向客户建议仓储与分拨。

（3）选择可靠、高效的承运人，并负责缔结运输合同。

（4）安排货物的计重和计量。

（5）办理货物保险。

（6）办理货物的拼装。

（7）在装运前或在目的地分拨货物之前将货物存仓。

（8）安排货物到港口的运输，办理海关和有关单证的手续，并把货物交给承运人。

（9）代表托运人支付运费、关税。

（10）办理有关货物运输的任何外汇交易。

（11）从承运人处取得提单，并交给发货人。

（12）与国外的代理联系，监督货物运输进程，并向托运人提供货物去向等信息。

2）为海关服务

当货运代理作为海关代理办理有关进出口商品的海关手续时，它不仅代表它的客户，而且代表海关当局，负责申报货物准确的金额、数量、品名。

3）为承运人服务

货运代理向承运人及时订舱，议定对发货人、承运人都公平合理的费用，安排适当时间交货，以发货人的名义解决和承运人的运费账目等问题。

4）为航空公司服务

货运代理在空运业上作为航空公司的代理，它通过航空公司的货运手段为货主服务，并收取佣金。

5）为班轮公司服务

货运代理与班轮公司的关系，因业务的不同而不同。近年来，由货代提供的拼箱服务，即拼箱货的集运服务，已建立了他们与班轮公司及其他承运人之间的较为密切的联系。

6）提供拼箱服务

随着国际贸易中集装箱运输的增长，货代公司也引进了集运和拼箱的服务。在提供这种服务时，货代公司承担委托人的责任。集运和拼箱的基本含义是：把在一个出运地若干发货人发往另一个目的地的若干收货人的小件货物集中起来，作为一个整件运输的货物发往目的地。拼箱的收、发货人不直接与承运人联系，对承运人来说，货代是发货人，而货代在目的港的代理是收货人。因此，承运人给货代签发的是全程提单或货运单。如果发货人或收货人有特殊要求，货代也可以在出运地和目的地从事提货和交付的服务，提供门到门的服务。

7）提供多式联运服务

货物集装箱化对货代的一个深远影响是使它介入了多式联运，充当了主要承运人，并承担了组织大小定单与合同，通过多种运输方式进行门到门的货物运输工作。它可以以当事人的身份，与其他承运人或其他服务提供者分别谈判并签约。但是，这些分拨合同不会影响多式联运合同的执行，也就是说，不会影响发货人的义务和在多式联运过程中对货损及灭失所承担的责任。货代作为多式联运经营人，需对它的客户承担更大的责任，提供包括运输和分拨过程的"一揽子"服务。

2. 注册与登录

2.1 平台注册和登录

平台注册和登录参考项目二 1.1 节相关内容。

2.2 企业进入

在平台园区图中选择④流通服务区模块，单击国际货代，进入企业。
选择④国际货代模块，单击"我要去实习"，进入国际货代界面，如图 4.1 所示。

图 4.1 国际货代区域

3. 国际货代业务

3.1 企业注册

进入国际货代操作界面后，首先要设立公司，单击菜单栏上的"企业登记"，如图 4.2 所示。

图 4.2 企业登记操作界面

3.2 企业名称预先核准

企业名称预先核准流程如下。

（1）在"企业注册"→"企业登记"→"名称预先核准委托人代理申请书"界面中，单击"企业名称预先核准委托人代理申请书"，如图4.3所示。

图 4.3 企业名称预核准操作界面

（2）提交后，再次单击"企业名称预先核准委托人代理申请书"，看到的界面如图 4.4、图 4.5 所示。

图 4.4 新企业名称核准委托申请书操作窗口

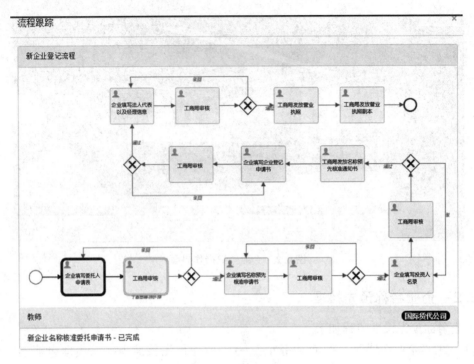

图 4.5　新企业登记流程

（3）这时，需要公司人员到工商局窗口，申请办理名称预先核准委托人代理申请，并提交纸质《名称预先核准委托人代理申请书》，由工商局进行审核，如无误，则通过。

（4）如果申请书被工商局驳回，企业看到的界面如图 4.6 所示。

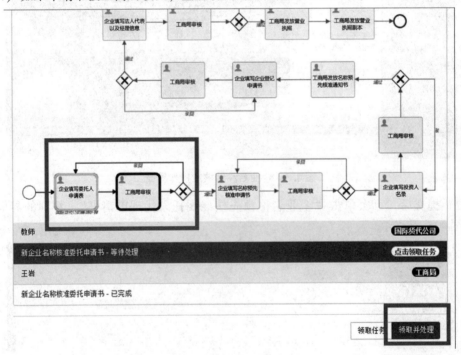

图 4.6　申请驳回界面

（5）单击"领取并处理"，重新填写《名称预先核准委托人代理申请书》。

（6）派公司人员再次到工商局提出申请。

（7）如果企业名称预先核准被工商局柜员准予通过，企业看到的界面如图4.7所示。

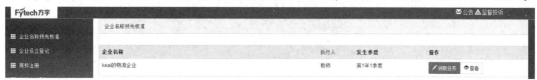

图4.7　审核通过窗口

（8）单击"领取并处理"，企业可继续填写《名称预先核准申请书》。

（9）提交《名称预先核准申请书》后，由工商局进行审核。

（10）审核通过后，回到企业填写《名称预先核准投资人名录》，并提交工商局审核。

（11）工商局审核完成后，发放《名称预先核准通知书》。

（12）企业收到通知书后，填写《企业登记申请书》。

（13）工商局审核通过《企业登记申请书》后，企业填写《法人代表以及监理等信息表》，并提交工商局审核。

（14）工商局审核通过后为企业发放营业执照及副本，企业完成登记。

3.3　企业税务信息补充登记

在"企业注册"→"税务报道"→"纳税人税务补充信息表"界面，新建流程并填写纳税人税务补充信息表并提交，如图4.8、图4.9所示。

图4.8　税务补充信息操作界面

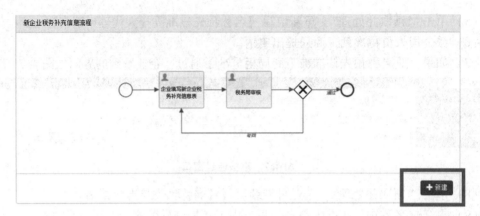

图 4.9　新企业税务补充信息流程

3.4　企业临时账户开立

在"企业注册"→"临时账户申请"界面，新建流程，填写企业临时账号申请单并提交，如图 4.10、图 4.11 所示。

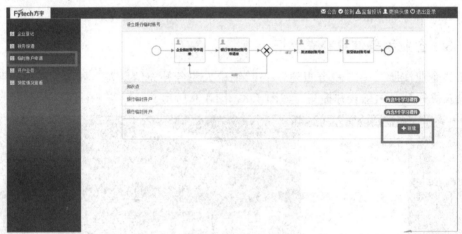

图 4.10　企业临时账户申请流程

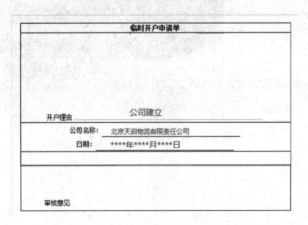

图 4.11　临时开户申请单

同时，公司人员携带纸质《企业名称预先核准通知书》和《临时开户申请单》到银行柜台办理临时账号开户。

如果《临时开户申请单》被银行驳回，企业需要再次单击开户申请，进行修改并提交。

银行通过后，公司从银行领取纸质《临时账号单》。

3.5 企业基本账户开立

公司人员携带纸质《临时账号单》、营业执照、营业执照副本到银行办理开户业务。企业新建流程，如图 4.12 所示，填写电子版《机构信用代码申请表》，并派人去银行填写纸质版。

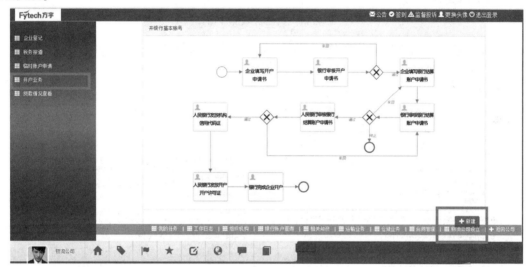

图 4.12 开户业务操作窗口

银行审核通过后，企业再次进入开户业务界面，需要填写电子版《银行账户结算申请书》提交给银行，并派人去银行填写纸质版。

同理，银行审核通过开立单位《银行结算账户申请书》后，企业的开户业务办理完毕，公司可以领取《机构信用代码证》《开户许可证》，企业基本账户开立完成。

至此，国际货代公司注册完成。

3.6 业务操作

业务操作是国际货代主要业务操作窗口，出口企业首先要选择货代公司，与货代公司协商达成长期合作意向，并签订合同。出口企业发布出口信息，填写相关票据，货代公司根据企业发布的信息办理相关货代业务。

3.6.1 货代协议

货代协议操作窗口如图 4.13 所示。

图4.13 货代协议操作窗口

出口企业需要与货代国公司签订《出口货物装运代理服务合同》，并准备相关发票、装箱单、出口合同。

单击"确认协议"，查看企业签订的《出口货物装运代理服务合同》，货代公司签订后提交，如图4.14所示，货代公司同时处理企业提供的纸质版单据。

图4.14 出口货物装运代理服务合同

3.6.2 填写单据

货代公司单击"填写单据",如图4.15所示。

图4.15 填写单据操作界面

货代公司填写托运单,提交并处理委托公司带来的纸质版。托运单是运货人和托运人关于托运货物的合约,如图4.16所示。

出口货物托运单

shipper(发货人) [, 钱多多国际贸易有限公司]				D/R No.(编号) [600, 1111111222222]		
Vessel(船名) [, 泰坦尼克号] Voy.No(航次) [0, 16823333]				Port of Loading(装货港) 维多利亚港		
Port of Discharge(卸货港) 西港		Place of Delivery(交货地点) 柬埔寨		Final Destiontion for the merchant's Reference(目的地)金边		
Container No. (集装箱号)	Marks & Nos. (标志与号码)	Nos. & Kinds of Packages(包装件数与种类)	Description of Goods(货名)	Gross Weight (kg)(毛重)(公斤)	Measurements (m3) (尺码)(立方米)	
玉兔	111	2000	药品	2000		
嫦娥	222	5000	药品	5000	[, 钱多多国际贸易有	
墨子	333	3000	药品	3000	限泰坦尼克号]	
Total Number of Containers Or Packages (In Words)集装箱数或件数合计(大写)						
Freight & Charges(运费与附加费) [0, 168233330]	Revenue Tons(运费吨) [600, 1111111222222]	Rate(运费率) 3%	Per(每)	Prepaid (预付)	Collect (到付) 120000元(人民币)	
Ex. Rate:(兑换率)	Prepaid at(预付地点)		Payable at (到付地点) p城	Place of Issue(签发地点)南宁		
	Total Prepaid (预付总额)			No. of Original B(s)/L (正本提单份数)		
Service Type on Receiving CY		Service Type on Delivery CY				
可否转船:可以		可否分批:可以		国际货运代理公司 (签章)钱多多国际贸易有限公司		
装期:		效期:				
金额:120000元(人民币)						
制单日期:2022/5/11						

图4.16 出口货物托运单

货代公司填写投保单,如图4.17所示,提交并处理委托公司带来的纸质版。

中国人民保险公司北京分公司投保单

运输险投保单　　　　　　　　　地址：
　　　　　　　　　　　　　　　邮编：
　　　　　　　　　　　　　　　电话：
　　　　　　　　　　　　　　　传真：

被保险人：

保单号：
Policy No

兹有下列物品向中国人民保险公司投保
Insurance is required on the following commodities

发票号：
Invoice No
合同号：
Contract No.

信用证号：
L/C No. RF-GF0491

标　记 Marks & Nos.	包装及数量 Quantity & Packing	保险货物项目 Description of goods	发票金额 mount Invoice
			加成 Value Plus about
			保险金额 Amount Insured
			费　率 Rate
			保险费

图 4.17　投保单

货代公司填写报检单，如图 4.18 所示，提交并处理委托公司带来的纸质版。

Fytech万宇

中华人民共和国出入境检验检疫出境货物报检单

报检单位（加盖公章）：　　　　　　　　　　　*编号：
报检单位登记号：　联系人　电话：　　报检日期　年　月　日

发货人	（中文）
	（外文）
收货人	（中文）
	（外文）

货物名称（中/外文）	H.S.编码	产地	数/重量	货物总值	包装种类及数量

运输工具名称号码		贸易方式	货物存放地点
合同号		信用证号	用途
发货日期		输往国家（地区）	许可证/审批号
启运地		到达口岸	生产单位注册号

集装箱规格、数量及号码

合同、信用证订立的检验检疫条款或特殊要求	标记及号码	随附交单据（划"√"或补填）
		□合同　　□包装性能结果单 □信用证　□许可/审批文件 □发票 □换证凭单 □装箱单 □厂检单

需要证单名称（划"√"或补填）	*检验检疫费

图 4.18　报检单

货代公司填写报关单，如图 4.19 所示，提交并处理委托公司带来的纸质版。

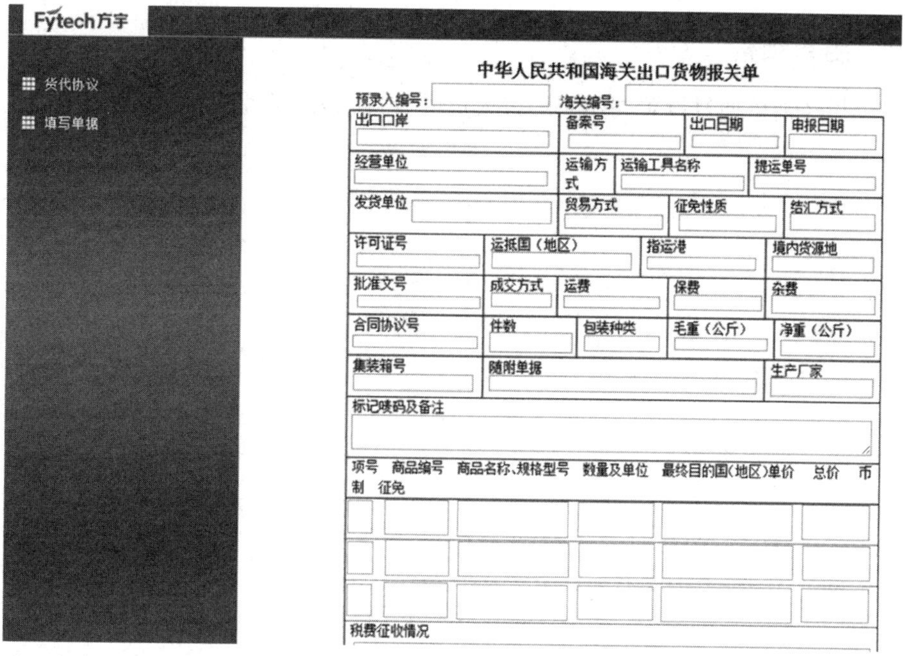

图 4.19　报关单

　　货代公司完成上述单据填写后，下一步单击"货代协议"→"领取任务并处理"完成报关工作，如图 4.20 所示。

图 4.20　报关处理窗口

完成以上手续后，双方根据合同约定发货。

3.7 组织结构

货代公司经理可通过设置岗位及加入人员的方式，为国际货代员工分配岗位。

会计师事务所

1. 会计师事务所介绍

1.1　机构章程

1.1.1　业务总则

根据会计师事务所在仿真实习环境中的地位、作用和功能，其主要职能如下。

（1）会计师事务所是依法建立的，其一切经营活动应遵守国家法律、法规、规章的规定及本章程的约定。

（2）事务所应满足仿真市场经济发展的需要，充分发挥注册会计师等各类专业资格人员在经济活动和社会活动中的鉴证和服务作用，恪守独立、客观、公正的原则，以维护社会公共利益为宗旨。

（3）事务所的经营范围包括以下两个方面。

①审计等鉴证业务：审查企业财务报表；验证企业资本；对企业进行审计鉴证。

②会计服务业务：对企业进行财报管理。

（4）事务所对外承接业务，一律以事务所的名义接受委托，任何人不得以个人名义从事业务活动。

（5）事务所全体股东、注册会计师及其他员工都应遵守下列规定。

①严格遵守国家的法律法规、维护投资者的合法权益。

②严格遵守中国注册会计师执业规范及其他各项工作规定。

③坚持独立、客观、公正的原则。

④严格保守业务秘密。

⑤保持廉洁诚实、忠于职守、保持良好的职业操守。

⑥努力钻研业务、不断提高自身的专业水平、保证优良的工作质量。

⑦遵守事务所的各项内部管理制度。

1.1.2　业务细则

会计师事务所在仿真实习环境中的主要业务及其规则如下。

（1）会计师事务所为公司提供验资证明。

（2）会计师事务所对各个企业进行审计。

（3）会计师事务所为企业提供财务报表管理。

1.2　机构职能介绍

会计师事务所是由有一定会计专业水平、经考核取得证书的会计师（如中国的注册会计师、美国的执业会计师、英国的特许会计师、日本的公认会计师等）组成的、受当事人委托承办有关审计、会计、咨询、税务等方面业务的组织，是依法设立并承办注册会计师业务的机构。注册会计师办理业务，应当加入会计师事务所。会计师事务所在我国可分为有限责任公司、合伙制两种形式，在国外还有有限责任合伙制。

会计师事务所可以由注册会计师合伙设立。合伙设立的会计师事务所的债务，由合伙人按照出资比例或者协议的约定，以各自的财产承担责任。合伙人对会计师事务所的债务承担连带责任。会计师事务所符合下列条件的，可以是负有限责任的法人。

（1）不少于三十万元的注册资本。

（2）有一定数量的专职从业人员，其中至少有五名注册会计师。

（3）符合国务院财政部门规定的业务范围和其他条件。

有限责任的会计师事务所以其全部资产对其债务承担责任。

1.3　机构业务介绍

会计师事务所的业务主要包括审计业务、验资业务、税务代理业务、财税业务培训、资产评估等。在仿真实习环境中，其主要提供的业务是验资和审计。

1.3.1　验资

验资是指注册会计师依法接受委托，对被审验单位注册资本的实收情况或注册资本及实收资本的变更情况进行审验，并出具验资报告。验资分为设立验资和变更验资。

验资是注册会计师的法定业务。随着我国社会主义市场经济的发展和改革开放的不断深入，有关法律、法规对注册会计师验资业务的规定与日俱增，如《中华人民共和国公司法》《中华人民共和国中外合资经营企业法》《中华人民共和国中外合作经营企业法》《中华人民共和国外资企业法》《公司登记管理条例》《企业法人登记管理条例》等，《中华人民共和国注册会计师法》明确将验资业务列为注册会计师的法定业务之一。因此，企业（个人独资企业、合伙企业等工商登记机关不要求提交验资报告）在申请开业或变更注册资本前，必须委托注册会计师对其注册资本的实收或变更情况进行审验。

1.3.2　审计

审计是指由专设机关根据法律对国家各级政府及金融机构、企事业组织的重大项目和财务收支进行事前和事后的审查。

模拟市场中会计师事务所主要涉及的审计类型是独立审计。

独立审计是指独立于被审计单位之外的注册会计师依据审计准则，对被审计单位的会计报表及相关信息进行审计并发表审计意见。

在证券市场，独立审计是保证会计报表满足公允价值与公允列报要求的重要途径。上市公司独立审计是由证监会认可的会计师事务所进行的。独立审计是公开会计服务市场的主要业务，该项业务受证监会及注册会计师协会的行政监督，并接受社会公众的舆论监督。

审计部门主要对仿真实习环境中生产制造企业的主要业务开展审计工作，出具审计报告，审计的主要内容如下。

（1）审核公司的会计核算制度和内部控制制度是否健全，是否与国家现行会计核算制度、会计准则一致，是否与仿真实习业务规则一致。

（2）审核公司的会计账簿设置是否合理、完整，是否符合国家现行会计制度的规定。

（3）审核公司的货币基金使用是否符合财经制度的要求，货币资金有关业务是否及时办理。

（4）审核国内公司的各项收入是否符合收入的确认准则，收入确认手续、单据是否齐全，是否存在虚增收入或者少列收入的情况。

（5）审核公司各项费用开支是否符合相关规定，费用标准是否超标，是否存在多列或少计费用的情况，摊销或预提费用是否按规定使用，是否及时计入有关费用。

（6）审核公司各项投资是否符合政府产业政策要求，是否执行仿真实习相关规则的规定。

（7）审核公司各项融资方式是否符合融资规则的各项规定，融资规模是否超过规定的标准。

（8）审核公司所招聘的职工是否符合生产技术要求或者管理者素质要求，公司职工费用与产品合格率、职工类别配比与关系等是否符合规定。

（9）审核公司采购环节的各项工作是否与采购规则及其要求一致，采购批量、采购价格等是否存在弄虚作假。

（10）审核公司市场开拓、新产品研发、ISO 认证等方面所提供的信息是否真实可靠。

（11）审核公司与客户签订合同的真实性、合法性，审核公司的市场行为是否符合相关规则的规定。

（12）审核公司基建项目是否按照相关业务的规定实施审批、验收。

（13）审核公司的各项资产、负债、所有者权益的增减变动是否符合仿真实习相关业务规则的规定。

（14）审核公司各项税金的计算、申报、缴纳是否符合相关规则的规定，是否存在瞒报、虚报、漏报等行为。

（15）审核公司主要业务的会计处理是否正确，是否遵守会计核算制度的要求，会计核算方法是否遵守一贯性原则等。

（16）审核公司财务报告中各项财务信息的真实性、合法性和正确性。

1.4 机构岗位说明

1.4.1 主任会计师（所长）职责

（1）主持本所的日常管理工作，组织实施股东会决议。

（2）定期召开股东大会，总结前期工作，制订后期工作计划。

（3）拟定短期发展计划。

（4）定期抽查业务工作底稿，组织研究提高工作效率措施。

（5）定期主持所务会议，协调解决本所业务联系和执业工作中的问题和矛盾。

（6）制订本所的内部管理制度，如人事管理制度，质量控制管理制度，业务联系制度，档案管理制度，岗位责任制度等。

（7）签发本所业务报告。

（8）签署本所重要文件。

（9）拟订本所管理机构设置方案，确定相关管理部门人员的权利和义务，布置检查和考核各职能部门工作任务和完成情况。

（10）负责本所财务收支的审核工作。

1.4.2 总审计师职责

总审计室是全所的技术、业务指导中心、信息中心、质量中心。总审计师全面负责总审计师室的工作。

（1）按照业务质量三级复核的程序，负责全所业务报告的审核签发、交付打印、发出。

（2）制订本所员工的业务培训计划和员工的日常培训工作。

（3）制订本所的各项业务规范并指导实施。

（4）解决本所业务工作中出现的问题，并责成当事人妥善处理。

（5）负责客户对本所审计业务的质询和解答。

1.4.3 项目经理

（1）服从上级的安排，带领项目小组完成业务工作，协助主审人员完成项目审计任务。

（2）负责对承担项目审计（评估）计划的撰写，能较准确地测试审计项目的重要性和审计风险。

（3）对审计小组人员进行合理分工、指导，并对其工作底稿进行复核，对其业务能力进行考核。

（4）负责审计项目的审计质量，及时反映审计中出现的业务问题。

（5）及时上报负责主审项目的审计报告，关注部门经理、总审计师审核，及时回复部门经理、总审计师的审核意见。

（6）协助部门经理收取审计费用。

1.4.4 审计员

（1）服从上级的调配，服从项目主审人员的工作安排。

（2）完成项目主审交办的审计工作。

（3）按独立审计准则的要求，对分配的审计工作撰写完整的审计工作底稿。

（4）协助主审搜集资料，做好符合性、实质性测试。

（5）负责整理永久性档案、当年档案，保证档案的完整、整洁、规范。

（6）参与或负责编制报告书、已审会计报表、会计报表附注等。

1.4.5　助理审计员

（1）按独立审计准则的要求开设工作底稿，完成分配的工作。

（2）整理业务档案。

（3）完成项目主审交办的其他工作。

2. 注册与登录

2.1　平台注册与登录

平台注册与登录参考项目二 1.1 节相关内容。

2.2　企业进入

在平台园区图中选择②金融服务区模块，单击会计师事务所，进入企业。

3. 会计师事务所

会计师事务所操作界面如图 5.1 所示。

图 5.1　会计师事务所操作界面

进入会计师事务所界面后，首先要设立公司，事务所人员在菜单栏上的"事务所设立"→"企业登记"→"名称预先核准委托人代理申请书"界面中，单击"名称预先核准委托人代理申请书"，如图 5.2 所示。

图 5.2　名称预先核准委托人代理申请书

填写提交后，再次单击"名称预先核准委托人代理申请书"，如图 5.3、图 5.4 所示。

图 5.3　流程跟踪窗口

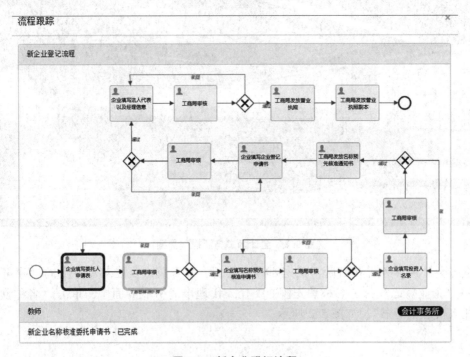

图 5.4　新企业登记流程

这时，事务所人员到工商局窗口，申请办理名称预先核准委托人代理申请，并提交纸质《名称预先核准委托人代理申请书》，由工商局予以审核。

如果申请书被工商局驳回，事务所看到的界面如图5.5所示。

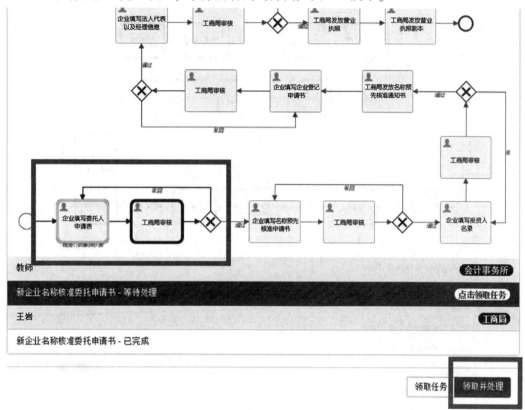

图5.5 申请驳回操作窗口

单击"领取并处理"，可重新填写《名称预先核准委托人代理申请书》，再次到工商局提出申请。

如果事务所名称预先核准被工商局柜员审核通过，企业看到的界面如图5.6所示。

图5.6 申请通过窗口

单击"领取并处理"，可继续填写《名称预先核准申请书》。

提交《名称预先核准申请书》后，去工商局审核。

审核通过后，会计师事务所填写《名称预先核准投资人名录》，并去工商局审核。

工商局审核完成后，发放《名称预先核准通知书》。

收到通知书后，事务所填写《企业登记申请书》。

工商局审核通过后，事务所填写《法人代表以及监理等信息表》，并到工商局审核。

工商局审核通过后，发放营业执照及副本，企业登记完成。完整流程如图5.7所示。

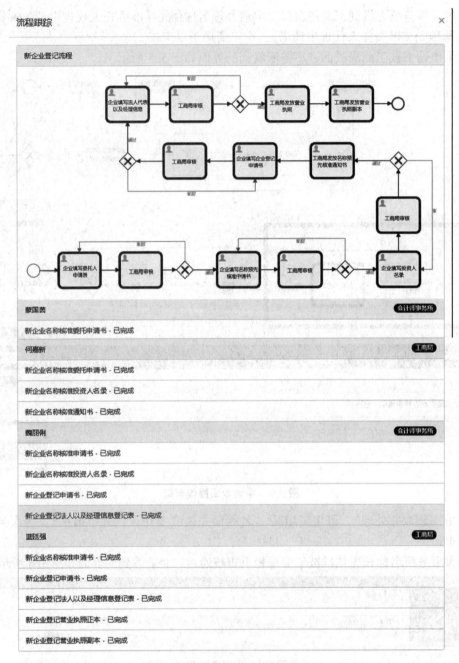

图 5.7　企业登记申请完整流程图

4. 企业税务信息补充登记

在"会计师事务所设立"→"税务报道"→"纳税人税务补充信息表"界面，新建流程并填写纳税人税务补充信息表并提交，如图 5.8、图 5.9、图 5.10 所示。

图 5.8　纳税人资格登记操作界面

图 5.9　税务补充信息表操作界面

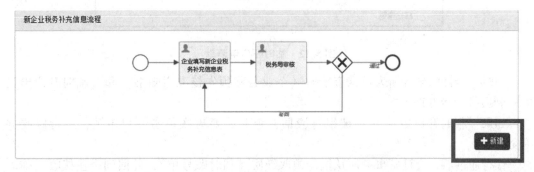

图 5.10　税管补充信息流程

5. 企业临时账户开立

在"会计师事务所设立"→"临时账户申请"界面，新建流程并填写企业临时账号申请单，如图 5.11、图 5.12 所示。

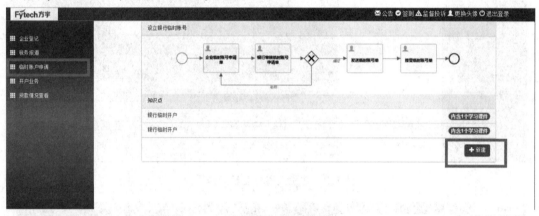

图 5.11　会计师事务所临时账户申请流程

临时开户申请单

开户理由	公司建立
公司名称：	＊＊＊＊＊＊＊＊＊＊
日期：	＊＊＊＊年＊＊＊＊月＊＊＊＊日
审核意见	

图 5.12　临时开户申请单

同时，会计师事务所人员携带纸质《企业名称预先核准通知书》和《临时开户申请单》到银行柜台办理。

如果《临时开户申请单》被银行驳回，企业需要再次单击开户申请，进行修改并提交。

银行通过后，会计师事务所从银行领取纸质《临时账号单》，并回到企业接收《临时账号单》。

6. 企业基本账户开立

会计师事务所携带纸质《临时账号单》、营业执照、营业执照副本到银行办理开户业务。新建流程，如图 5.13 所示，填写电子版《机构信用代码申请表》，并派人去银行填写纸质版。

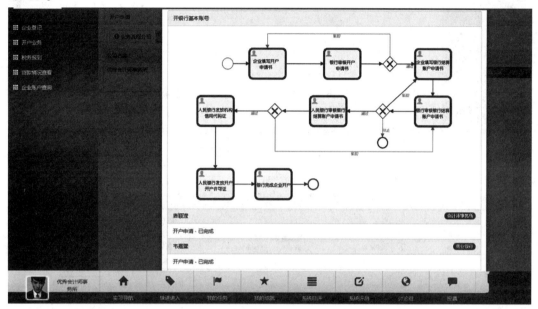

图 5.13 开户业务申请流程

银行审核通过后，会计师事务所再次打开开户业务功能，填写电子版《银行账户结算申请书》提交，并派人去银行填写纸质版。

银行审核通过《开立单位银行结算账户申请书》后，企业可以领取《机构信用代码证》《开户许可证》，企业基本账户开立完成。

至此，会计师事务所注册完成。

7. 审计

7.1 审计小组人员管理

单击"审计"→"审计小组人员管理"，可新建审计小组，可删除、修改条目，进行人员查看和人员调配，如图 5.14 所示。

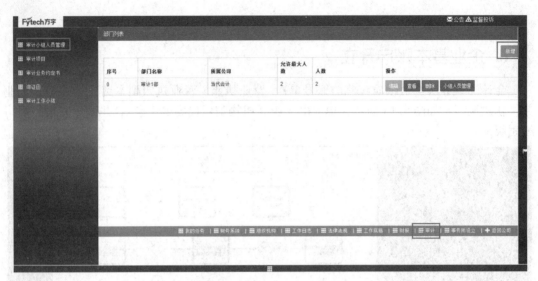

图 5.14　审计小组人员管理

单击"小组人员管理"可为审计小组添加人员，如图 5.15 所示。

图 5.15　小组人员管理

7.2　审计项目

单击"审计"→"审计项目"，单击"新增"，可新增审计项目，如图 5.16 所示。

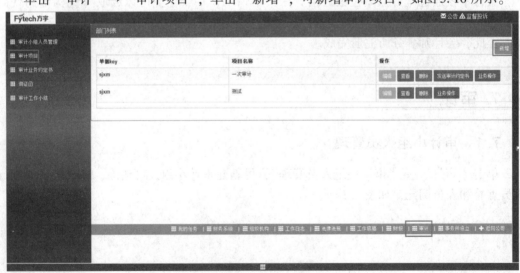

图 5.16　添加审计项目

新建一个审计项目，选择被审计单位名称，完成后单击"提交"，如图 5.17 所示。

项目名称	
审计时限范围	⬚ 年 ⬚ 月 ⬚ 日
至	⬚ 年 ⬚ 月 ⬚ 日
财务报表模板	
工作底稿模板	
所属部门	审计1部 ▼
审计类别	
被审计单位名称	keai的制造企业 ▼
	keai的制造企业
被审计人	
审计时间	⬚ 到 ⬚

提交

图 5.17　提交审计项目

发送审计约定书给被审计企业，并填写纸质版《审计业务约定书》。

将纸质版《审计业务约定书》递交给被审计企业，如图 5.18、图 5.19 所示。

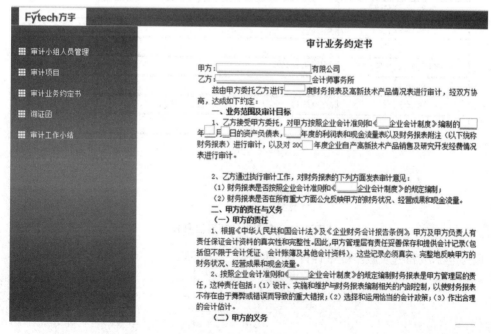

图 5.18　审计列表

图 5.19　审计业务约定书

7.3 业务数据

当待审计的企业填写完《审计业务约定书》之后，会计师事务所在"审计项目"→"业务数据"界面中填写电子版和纸质版年度审计计划，如图 5.20、图 5.21 所示。

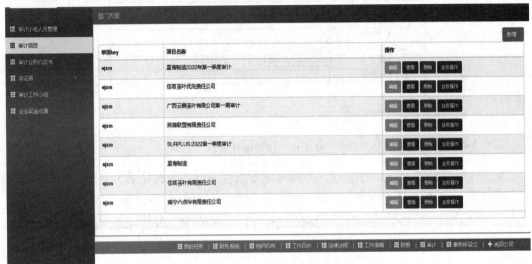

图 5.20 会计师事务所审计项目

项目名称	星海制造2022年第一季度审计
审计时限范围	2022 年 5 月 7 日
至	2022 年 5 月 9 日
财务报表模板	
工作底稿模板	
所属部门	审计 ∨
审计类别	
被审计单位名称	贺州钟氏财团 ∨
被审计人	
审计时间	2022.5.10 到 2022.5.11

提交

图 5.21 企业审计项目信息表

填写电子版和纸质版年度审计计划，如图 5.22 所示。

审计总体工作计划表

被审计单位：星海制造　编制人：魏丽俐　日期：2022/5/11　索引号：01
会计期间及截止日：　　　　复核人：唐颖莹　日期：2022/5/11　页次：1

一、委托审计的目的、范围：
对某时段内企业经营和账务进行审核认定，对风险控制进行评估
对2020年第一季度审计

二、审计策略(是否实施预审，是否进行控制测试，实质性测试按业务循环还是按报表项目等)
预审、进行控制测试，实质性测试按业务循环还是按报表项目。

三、评价内部控制和审计风险：
风险处于可控范围内

四、重要会计问题及重点审计领域：
账户有无重大变化

五、重要性标准初步估计：

六、计划审计日期：
2022年5月7日到5月9日

七、审计小组人员分工：

八、修订计划记录：

提交

图 5.22　企业年度审计计划

8. 工作底稿

8.1 审计工作底稿

工作底稿是帮助会计师事务所审计师执行审计工作，为其审计意见的提出提供材料支撑。它是一系列审计测试和程序的记录，其中包括工作项目、分析备忘录、往来信函、函证及由审计师编制的公司文件、进度表、评论等的摘要。

编制和管理工作底稿的一般性原则如下。

（1）完整性和正确性。工作底稿应该完整、正确，有力地支持审计测试、审计发现和审计建议，并能体现内部审计的性质和范围。

（2）内容清晰和易于理解。工作底稿应清晰易懂，无需额外资料的解释和说明。内部审计工作底稿经常会被其他人检查和参考，他们通过工作底稿的信息，容易地理解审计目的、性质和范围，以及审计结论。

（3）相关性。工作底稿中的内容应限于既定审计目标、审计范围。

（4）逻辑性。工作底稿应有逻辑顺序，从审计计划阶段到审计实施，以及审计报告，应按照预先编制好的索引进行编号及存档。

（5）清晰整洁。工作底稿在形式上清晰完整、一目了然。

8.2 审计工作底稿

单击"审计项目"→"业务操作"→"编制审计工作底稿"，如图5.23所示。

图 5.23　审计工作底稿业务操作

单击"业务操作"按钮后，打开下列窗口，如图5.24所示。

企业名称	年度	操作	
星海制造	2022年第一季	查看审计业务约定书 查看年度审计计划 编制审计工作底稿 审计工作小结 编制审计报告	查看询证函

图 5.24 编制审计工作底稿

单击"编制审计工作底稿"链接，进入审计底稿操作界面，如图 5.25 所示。

负债类

短期借款底稿	应付帐款底稿	应付工资底稿
应付福利费底稿	长期借款底稿	

内控类

内部控制测试表(一)	内部控制测试表(二)	内部控制测试表(三)

损益类

管理费用底稿	财务费用底稿	产品销售成本底稿
产品销售收入底稿	税金及附加底稿	销售费用底稿
营业外收入底稿	营业外支出底稿	

所有者权益类

盈余公积底稿	实收资本底稿	

资产类

无形资产底稿	其他应收款底稿	固定资产及折旧趋势分析
坏账准备底稿	在建工程底稿	存货底稿
应收账款底稿	货币资金底稿	

自定义类

填写自定义审计底稿		

图 5.25 审计工作底稿编辑窗口

8.2.1 负债类

单击"短期借款底稿"链接，打开操作页面，如图 5.26 所示。

抽凭	短期借款增减变动审核表	万能表

图 5.26 短期借款底稿

单击"抽凭"链接，进入具体操作界面，如图 5.27 所示。

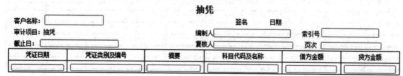

图 5.27 抽凭

单击“短期借款增减变动审核表”链接，进入具体操作界面，如图 5.28 所示。

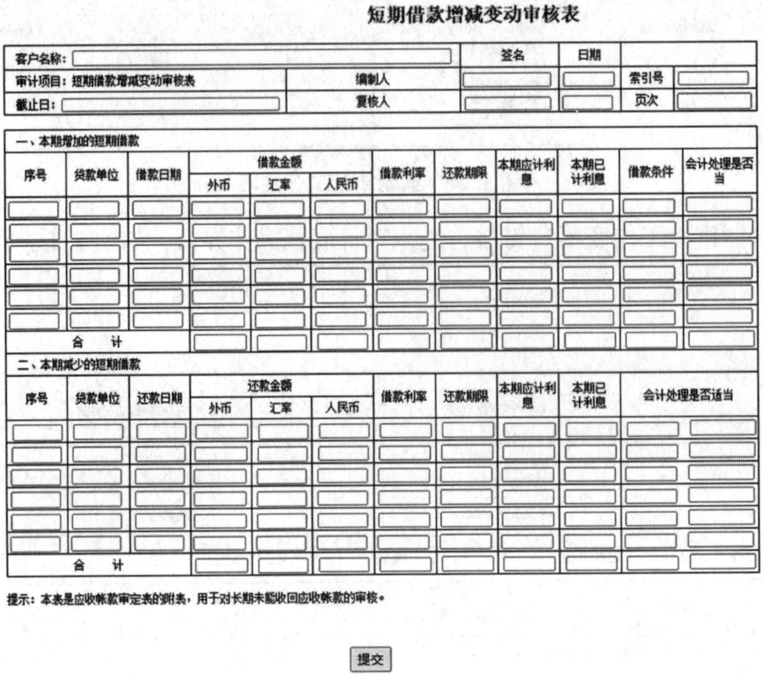

短期借款增减变动审核表

客户名称：	签名	日期		
审计项目：短期借款增减变动审核表	编制人		索引号	
截止日：	复核人		页次	

一、本期增加的短期借款

序号	贷款单位	借款日期	借款金额			借款利率	还款期限	本期应计利息	本期已计利息	借款条件	会计处理是否当
			外币	汇率	人民币						
合　计											

二、本期减少的短期借款

序号	贷款单位	还款日期	还款金额			借款利率	还款期限	本期应计利息	本期已计利息	会计处理是否适当	
			外币	汇率	人民币						
合　计											

提示：本表是应收帐款审定表的附表，用于对长期未能收回应收帐款的审核。

提交

图 5.28　短期借款增减变动审核表

单击“万能表”链接，进入具体操作界面，如图 5.29 所示。

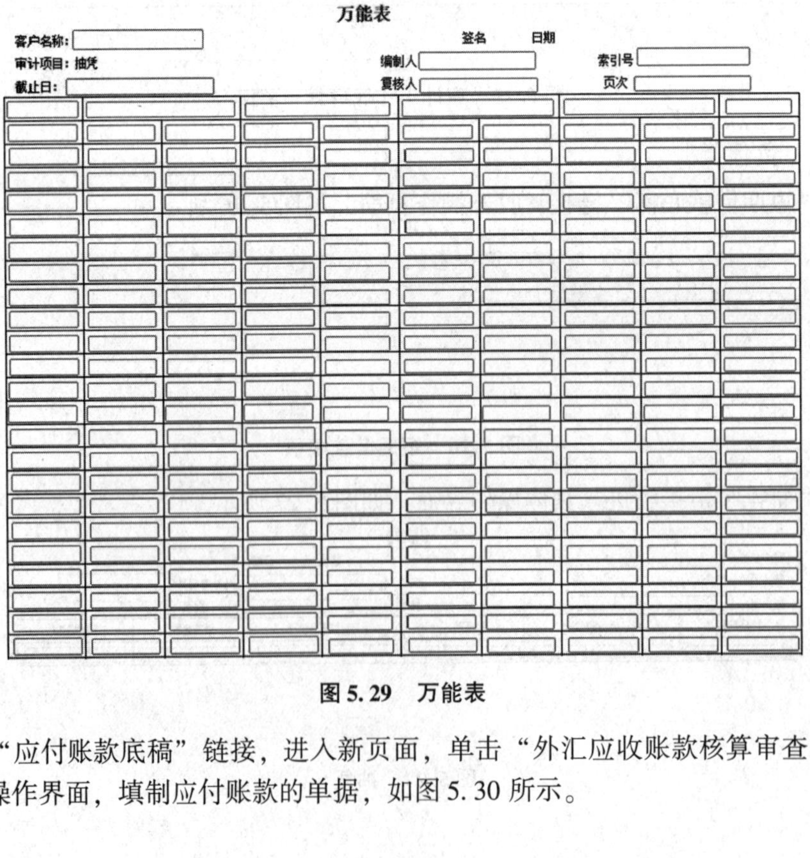

万能表

客户名称：　　签名　　日期

审计项目：抽凭　　编制人　　索引号

截止日：　　复核人　　页次

图 5.29　万能表

单击“应付账款底稿”链接，进入新页面，单击“外汇应收账款核算审查表”链接，进入具体操作界面，填制应付账款的单据，如图 5.30 所示。

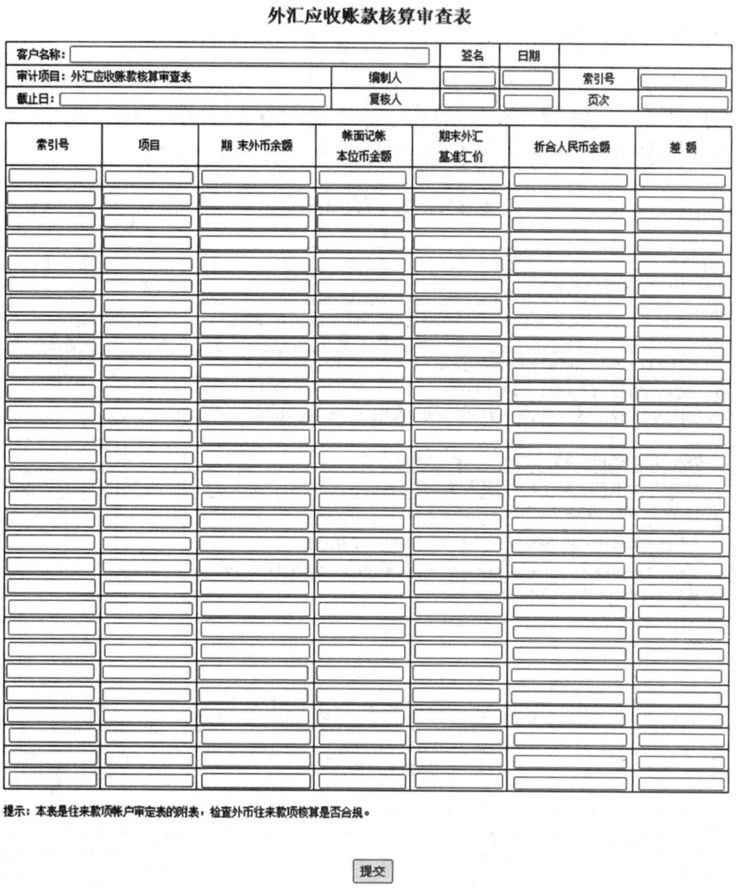

外汇应收账款核算审查表

客户名称：					签名	日期			
审计项目：外汇应收账款核算审查表			编制人				索引号		
截止日：			复核人				页次		

索引号	项目	期末外币余额	帐面记帐本位币金额	期末外汇基准汇价	折合人民币金额	差额

提示：本表是往来款项帐户审定表的附表，检查外币往来款项核算是否合规。

提交

图 5.30　外汇应收账款核算审查表

8.2.2　应付工资

单击"应付工资底稿"链接，进入新页面，可查看应付工资月发生额表，抽凭及万能表；对应操作界面如图 5.31 所示。

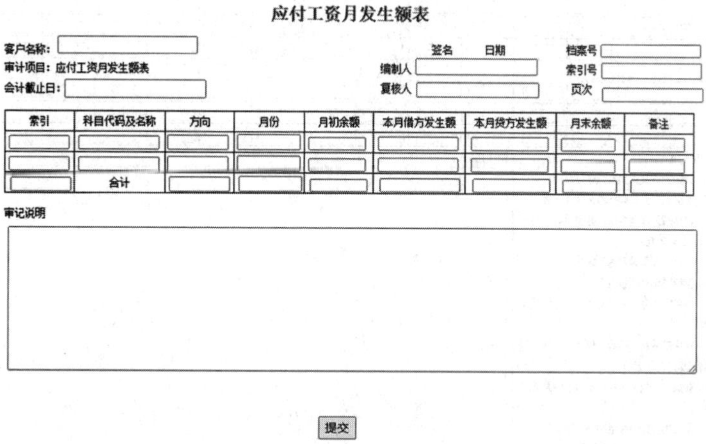

应付工资月发生额表

客户名称：					签名	日期	档案号	
审计项目：应付工资月发生额表			编制人				索引号	
会计截止日：			复核人				页次	

索引	科目代码及名称	方向	月份	月初余额	本月借方发生额	本月贷方发生额	月末余额	备注
	合计							

审记说明

提交

图 5.31　应付工资底稿

应付工资底稿的抽凭与短期借款底稿的抽凭数据一致，可参考 8.2.1 对应操作。

8.2.3 仓储与存货控制

单击“内部控制测试表（一）”链接，进入新页面，可查看仓储与存货循环内控测试，存货循环内控测试，仓储与存货循环内控调查问卷，发票管理，工薪与人事循环符合性测试，存货循环内控测试。对应操作界面如图 5.32 ~ 图 5.37 所示。

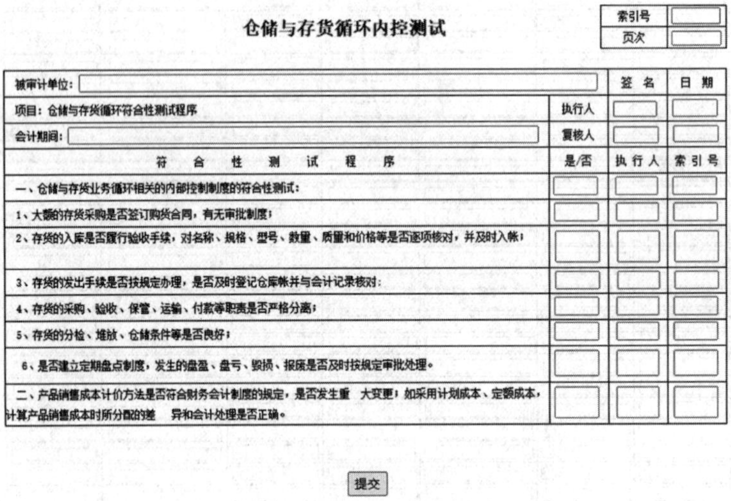

仓储与存货循环内控测试

索引号	
页次	

被审计单位：		签 名	日 期
项目：仓储与存货循环符合性测试程序	执行人		
会计期间：	复核人		
符 合 性 测 试 程 序	是/否	执 行 人	索 引 号
一、仓储与存货业务循环相关的内部控制制度的符合性测试：			
1、大额的存货采购是否签订购货合同，有无审批制度；			
2、存货的入库是否履行验收手续，对名称、规格、型号、数量、质量和价格等是否逐项核对，并及时入帐；			
3、存货的发出手续是否按规定办理，是否及时登记仓库帐并与会计记录核对；			
4、存货的采购、验收、保管、运输、付款等职责是否严格分离；			
5、存货的分检、堆放、仓储条件等是否良好；			
6、是否建立定期盘点制度，发生的盘盈、盘亏、毁损、报废是否及时按规定审批处理。			
二、产品销售成本计价方法是否符合财务会计制度的规定，是否发生重 大变更；如采用计划成本、定额成本，计算产品销售成本时所分配的差 异和会计处理是否正确。			

提交

图 5.32 仓储与存货循环内控测试

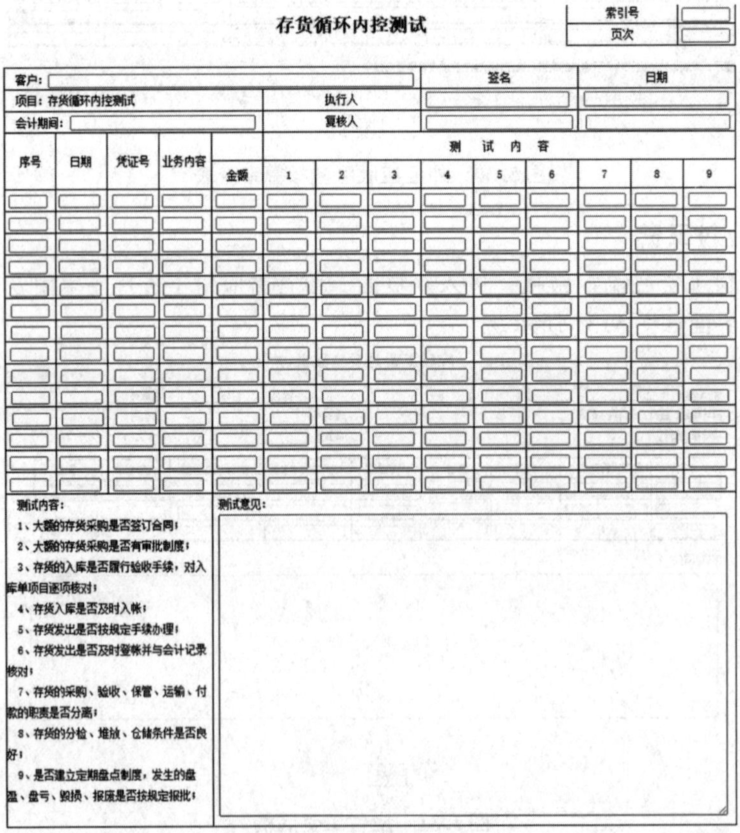

存货循环内控测试

索引号	
页次	

客户：						签名							日期
项目：存货循环内控测试					执行人								
会计期间：					复核人								
序号	日期	凭证号	业务内容	金额	测试内容 1	2	3	4	5	6	7	8	9

测试内容：	测试意见：
1、大额的存货采购是否签订合同； 2、大额的存货采购是否有审批制度； 3、存货的入库是否履行验收手续，对入库单项目逐项核对； 4、存货入库是否及时入帐； 5、存货发出是否按规定手续办理； 6、存货发出是否及时登帐并与会计记录核对； 7、存货的采购、验收、保管、运输、付款的职责是否分离； 8、存货的分检、堆放、仓储条件是否良好； 9、是否建立定期盘点制度，发生的盘盈、盘亏、毁损、报废是否按规定报批；	

图 5.33 存货循环内控测试

仓储与存货循环内控调查问卷

索引号 [ ]
页次 [ ]

被审计单位：[ ]　　执行人 [ ]　　日期 [ ]
会计期间：[ ]　　复核人 [ ]　　日期 [ ]

调查项目	是		否	不适用	说明
	良好	薄弱			
1、大宗货物的采购是否都定有合同并经主管批准？	[ ]	[ ]	[ ]	[ ]	[ ]
2、材料的领用是否经核准后开出领料单？	[ ]	[ ]	[ ]	[ ]	[ ]
3、存货与固定资产发出是否有出门验证制度？	[ ]	[ ]	[ ]	[ ]	[ ]
4、是否所有存货均设有永续盘存记录？	[ ]	[ ]	[ ]	[ ]	[ ]
5、仓库存货（材料、半成品、产成品）是否按品种、规格、质量、集中码放并有醒目标记？	[ ]	[ ]	[ ]	[ ]	[ ]
6、存货（材料、半成品、产成品）是否定期盘点？（盘点期间）	[ ]	[ ]	[ ]	[ ]	[ ]
7、存货的盘盈、盘亏是否经报批后入帐？	[ ]	[ ]	[ ]	[ ]	[ ]
8、仓库是否及时对呆滞、废损的存货进行处理？	[ ]	[ ]	[ ]	[ ]	[ ]
9、存货的收发人与记帐人是否分离？	[ ]	[ ]	[ ]	[ ]	[ ]
10、委托外单位加工的材料，其发出、收回、结存情况是否有专人负责登记？是否定期与受托单位核对帐目？	[ ]	[ ]	[ ]	[ ]	[ ]
11、原材料、产成品的收发存月报表是否根据当月的入库单、领料单等分别汇总编制？	[ ]	[ ]	[ ]	[ ]	[ ]
12、月末生产部门未用的原材料是否办理假退料手续？	[ ]	[ ]	[ ]	[ ]	[ ]
13、产品是否有材料定额，并以限额领料单控制领料？	[ ]	[ ]	[ ]	[ ]	[ ]
14、半成品和产成品完工是否及时办理入库手续？	[ ]	[ ]	[ ]	[ ]	[ ]
15、存货计价方法的确定与变更是否经董事会批准？	[ ]	[ ]	[ ]	[ ]	[ ]
16、成本计算和费用分配方法的确定与变更是否经授权批准？	[ ]	[ ]	[ ]	[ ]	[ ]

调查结论：经内控调查及简易测试后，认为仓储与存货循环内控的可信赖度为：

○高　　　　○中　　　　○低

该循环是否需进一步作符合性测试：

○是　　　　○否

图 5.34　仓储与存货循环内控调查问卷

发票管理

索引号 [ ]
页次 [ ]

被审计单位：[ ]　　　　签名　　日期
项目：[ ]　　执行人 [ ]　[ ]
会计期间：[ ]　　复核人 [ ]　[ ]

发票号		起 止 日 期		测 试 内 容		
首号	尾号	起日	止日	1	2	3
[ ]	[ ]	[ ]	[ ]	[ ]	[ ]	[ ]
[ ]	[ ]	[ ]	[ ]	[ ]	[ ]	[ ]
[ ]	[ ]	[ ]	[ ]	[ ]	[ ]	[ ]
[ ]	[ ]	[ ]	[ ]	[ ]	[ ]	[ ]
[ ]	[ ]	[ ]	[ ]	[ ]	[ ]	[ ]
[ ]	[ ]	[ ]	[ ]	[ ]	[ ]	[ ]
[ ]	[ ]	[ ]	[ ]	[ ]	[ ]	[ ]
[ ]	[ ]	[ ]	[ ]	[ ]	[ ]	[ ]
[ ]	[ ]	[ ]	[ ]	[ ]	[ ]	[ ]
[ ]	[ ]	[ ]	[ ]	[ ]	[ ]	[ ]
[ ]	[ ]	[ ]	[ ]	[ ]	[ ]	[ ]
[ ]	[ ]	[ ]	[ ]	[ ]	[ ]	[ ]
[ ]	[ ]	[ ]	[ ]	[ ]	[ ]	[ ]
[ ]	[ ]	[ ]	[ ]	[ ]	[ ]	[ ]
[ ]	[ ]	[ ]	[ ]	[ ]	[ ]	[ ]

测试内容：
1、发票是否连续编号；
2、发票是否有缺码；
3、作废发票的处理是否正确。

测试结论：
[ ]

图 5.35　发票管理

工薪与人事循环符合性测试

索引号	
页次	

被审计单位：		签名	日期
项目：工薪与人事循环符合性测试	执行人		
会计期间：	复核人		

符合性测试程序	是/否	执行人	索引号
一、工资及应付工资相关内部控制制度的符合性测试：			
1、工资标准的制定及变动是否经授权批准；			
2、计时、计件工资的原始记录是否齐全；			
3、选择若干时期的工资汇总表，检查：			
（1）、工资汇总表的计算是否正确；			
（2）、应付工资总额与人工费用分配汇总表中合计数是否相符；			
（3）代扣款项的帐务处理是否正确。			
4、抽查工资单，从中选择不同类型员工，检查：			
（1）、员工工资卡或人事档案，以确定工资发放依据；			
（2）、员工工资卡及实发工资额的计算是否正确；			
（3）、实际工时统计记录（或产量统计报告）与员工个人钟点卡（或产量记录）是否相符；			
（4）、员工加班加点记录与主管人员签证的月度汇总表是否相符。			
二、直接人工成本测试：			
1、对于采用计时工资制的，抽取实际工时统计记录、员工工资分类表及人工费用分配汇总表等，检查：			
（1）、从成本计算单中选择核对直接人工成本与人工费用分配汇总表中相应的实际工资费用是否相符；			

图 5.36 工薪与人事循环符合性测试

存货循环内控测试

索引号	
页次	

客户：		签名	日期
项目：存货循环内控测试	执行人		
会计期间：	复核人		

序号	日期	凭证号	业务内容	金额	测试内容								
					1	2	3	4	5	6	7	8	9

测试内容：
1、大额的存货采购是否签订合同；
2、大额的存货采购是否有审批制度；
3、存货的入库是否履行验收手续，对入库单项目逐项核对；
4、存货入库是否及时入帐；
5、存货发出是否按规定手续办理；
6、存货发出是否及时登帐并与会计记录核对；
7、存货的采购、验收、保管、运输、付款的职责是否分离；
8、存货的分检、堆放、仓储条件是否良好；
9、是否建立定期盘点制度，发生的盘盈、盘亏、毁损、报废是否按规定报批。

测试意见：

图 5.37 存货循环内控测试

“内部控制测试表（二）”“内部控制测试表（三）”链接，进入工厂对应科目的工作底单，其模式“内部控制测试表（一）”一致，学习者可在操作平台点开查阅，此处不重复展示。

8.2.4 损益类

损益类审计底稿包括管理费用底稿，财务费用底稿，产品销售成本底稿，产品销售收入底稿，税金及附加底稿，销售费用底稿，营业外收入底稿，营业外支出底稿等。

单击“管理费用底稿”链接，进入新页面，可查看抽凭（与负债类短期借款底稿的抽凭一致），管理费用截止性测试表，万能表（与负债类应付工资底稿的万能表一致）。管理费用截止性测试表如图 5.38 所示。

管理费用截止性测试

客户：		签名	日期		
项目：管理费用截止性测试	执行人			索引号	
截至日：	复核人			页次	

月	日	凭证号	费用内容	对应科目	金额	费用归属本期	费用归属下期	是否调整

提示：本表是管理费用审定表的附表，用于对管理费用的截止性测试

图 5.38　管理费用截止性测试表

“财务费用底稿”“产品销售成本底稿”“产品销售收入底稿”“税金及附加底稿”“销售费用底稿”“营业外支出底稿”链接，其模式与“管理费用底稿”一致，学习者可在操作平台点开查阅，此处不重复展示。

8.2.5 所有者权益类

所有者权益类的审计底稿包括实收资本底稿、盈余公积底稿。

单击“实收资本底稿”链接，进入新页面，可查看抽凭（与负债类短期借款底稿的抽凭一致）、实收资本测试表（图 5.39）、实收资本明细表（图 5.40）、万能表（与负债类应付工资底稿的万能表一致）。

实收资本测试表

客户:					签名		日期				
项目：实收资本测试表				执行人					索引号		
截至日：				复核人					页次		

日期	凭证号	实收资本变动内容	币种	原币金额	本位币金额	1	2	3	4	5	6

1、投资者入资按合同、协议、章程规定的时间出资。
2、本期投资者的出资额已验资。
3、外币出资的，采用的折算汇率符合规定。
4、会计处理正确。
5、实收资本增减变化与法律性文件规定一致。

测试意见：

提示：本表是长期借款审定表的附表，用于审查年末到期未还或一年内 到期的长期借款。

图 5.39 实收资本测试表

实收资本明细表

客户名称：						签名		日期		
审计项目：实收资本明细表					编制人				索引号	
截止日：					复核人				页次	

投资者名称	注册资本		期初数				本期增（减）数				期末未审数	调整数	审定数
	币种	金额	帐面记录	其中：已验资数			帐面记录	其中：已验资数					
				原币	汇率	记帐本位币		原币	汇率	记帐本位币			
合 计													

审计说明及调整分录：

审计结论：
1、本科目经审计后无调整事项，余额可以确认。
2、本科目经审计调整后，余额可以确认。
3、因 [   ] 原因，本科目余额不能确认。

图 5.40 实收资本明细表

"盈余公积底稿"模式与"实收资本底稿"一致，学习者可在操作平台点开查阅，此处不重复展示。

8.2.6 资产类

资产类审计底稿包括无形资产底稿，其他应收款底稿，固定资产及折旧趋势分析，坏账准备底稿，在建工程底稿，存货底稿，应收账款底稿，货币资金底稿。

单击"无形资产底稿"链接，进入新页面，可查看抽凭（与负债类短期借款底稿的抽凭一致）、无形资产抽查表、万能表（与负债类应付工资底稿的万能表一致）、无形资产审查表，如图5.41、图5.42所示。

图 5.41　无形资产抽查表

图 5.42　无形资产审查表

"固定资产及折旧趋势分析""固定资产及折旧趋势分析""坏账准备底稿""在建工程底稿""存货底稿""应收账款底稿""货币资金底稿"一致，学习者可在操作平台点开查阅，此处不重复展示。

8.3 审计工作小结与报告

完成工作底稿之后，会计师事务所需提供电子版和纸质版的工作总结汇报，并最后编制出审计报告，如图5.43、图5.44、图5.45所示。

图5.43 审计工作操作窗口

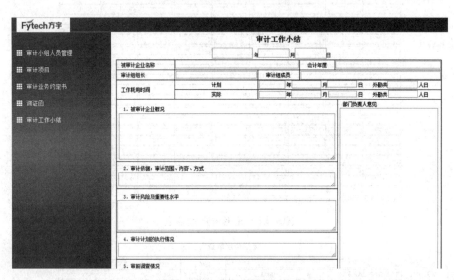

图5.44 审计工作小结

图5.45 编制审计报告

8.4 工作日志管理

单击"工作日志"→"工作日志管理",编写当日工作日志,如图5.46所示。

图 5.46 工作日志管理

8.5 组织机构

单击"组织机构",经理将会计师事务所未分配的人员,通过拖拉拽的方式,分配到各个岗位。

税务局

1. 税务局介绍

1.1 机构章程

1.1.1 业务总则

在仿真实习环境中，税务局全体工作人员必须根据本章程的各项规定开展工作。

（1）税务部门是仿真实习环境中办理各项税收业务的虚拟机构，是执行国家、地方有关税收政策的唯一合法组织。

（2）税务部门是仿真实习环境中的管理与服务机构。一方面要行使税收管理职责，完成税收业务；另一方面要体现服务社会的职能，积极为各仿真公司（即纳税人）服务。

1.1.2 业务细则

税务局在仿真实习环境中的主要业务及其规则如下。

（1）仿真实习环境中的所有经营者都是纳税人，是税务部门的征税对象，所有纳税人都要到税务部门办理税务登记，依法纳税。税务部门还负责处理纳税人的税务变更、税务注销、停业登记。

纳税人必须如实填写税务登记表，并提供相关证件、资料，税务部门对纳税人报送的表格、资料于一个月审核完毕（仿真系统中为1到2个小时）。

（2）税务部门对发票进行领购、缴销处理，建立纳税人的发票账簿，用于记录、管理、监督纳税人发票使用情况。

（3）税务部门对纳税征收方式的申请、审批进行管理。办理纳税申报时，办税人员主要审核纳税人各税种申报表填写的合理性和合法性，审核无误后为纳税人填开"纳税缴款书"。

（4）仿真实习环境中的生产企业可以向税务部门提出减免税审批、延期申报申请和延期纳税申请。

（5）税务部门还具有对生产企业进行税务检查的义务，主要包括违法案件调查报告、税务行政处罚决定书、税务处理决定书、强制执行决定书、罚款记录。税务部门将检查结果以书面形式发给企业。

（6）企业有对税务部门的决定提出异议的权利，可通过复议申请书和申诉书来行使纳税人的权利。纳税人进行复议申诉时，需先执行处罚决定，在处罚决定送达的两个季度内（实际为 60 天）向上级税务机关申请复议。过期则视为纳税人服从处罚决定，放弃复议诉讼。

（7）税务部门可以进行纳税申报，包含增值税、消费税、营业税等税种的申报管理，以及根据缴款书进行税款缴纳。

申报增值税时，纳税人需另附增值税发票的填开及抵扣的明细及原始凭证，以备用于专用发票稽核。

1.2 机构业务介绍

税务局在实习平台中的主要作用是模拟现实社会中的地税局与国税局业务功能，以下是实习平台税务局模拟的具体业务。

1.2.1 税收登记

税务登记又称纳税登记，它是税务机关对纳税人实施税收管理的首要环节和基础工作，是征纳双方法律关系成立的依据和证明，也是纳税人必须依法履行的义务。

税务登记是指税务机关根据税法规定，对纳税人的生产经营活动进行登记管理的一项基本制度。它的意义在于：有利于税务机关了解纳税人的基本情况，掌握税源，加强征收与管理，防止漏管漏征，建立税务机关与纳税人之间正常的工作联系，强化税收政策和法规的宣传，增强纳税意识等。

1.2.2 发票领购

发票是指一切单位和个人在购销商品，提供或接受劳务、服务以及从事其他经营活动的收付款书面证明，是财务收支的法定凭证，是会计核算的原始依据，也是审计机关、税务机关执法检查的重要依据。

依法办理税务登记的单位和个人，在领取税务登记证件后，向主管税务机关申请领购发票。

1.2.3 发票缴销

发票缴销是指将从税务机关领取的发票交回税务机关查验并作废。纳税人办理注销、变更税务登记，取消一般纳税人资格，丢失、被盗发票，流失发票，改版、换版、次版发票，超期限未使用的空白发票，霉变、水浸、鼠咬、火烧发票等，需进行发票缴销处理。

1.2.4 纳税征收方式申请

税款征收方式是税务机关在组织税款入库过程中对纳税人的应纳税款的计算、征收、缴库等所采取的方法和形式。税款征收方式的确定遵循保证国家税款及时足额入库、方便纳税人、降低税收成本的原则，目前主要有以下几种方式：查账征收、核定征收、定期定额征收、代收代缴、代扣代缴、委托代征、查验征收。

（1）查账征收：也称查账计征或自报查账。纳税人在规定的纳税期限内根据自己的财务报表或经营情况，向税务机关申请其营业额和所得额，经税务机关审核后，先开缴款书，由纳税人限期向当地代理金库的银行缴纳税款。这种征收方式适用于账簿、凭证、财务核算制度比较健全，能够据以如实核算，反映生产经营成果，正确计算应纳税款的纳税人。

（2）核定征收：核定征收税款是指由于纳税人的会计账簿不健全，资料残缺难以查账，或因其他原因难以准确确定纳税人应纳税额时，由税务机关采用合理的方法依法核定纳税人应纳税款的一种征收方式，简称核定征收。

（3）定期定额征收：简称定期定额，也称双定征收，是由税务机关对纳税人一定经营时间内其应纳税收入或所得额和应纳税额的核定，是分期征收税款的一种方式，由纳税人先自行申报，再由税务机关调查核实情况，经民主评议后，由税务机关核定一定期间内应纳的各项税额，分期征收。对账簿、凭证不健全或者没有记账能力，税务机关无法查实其营业额的小型个体工商户应纳的增值税、营业税和所得税等其他税种合并，按期核定，分月预征。在核定期限内税额一般不作变动，如果经营情况有较大变化，定额税款应及时调整。

（4）代收代缴：是按照税法规定，负有收缴税款的法定义务人，负责对纳税人应纳的税款进行代收代缴。即由与纳税人有经济业务往来的单位和个人在向纳税人收取款项时依法收取税款。这种方式一般是指税收网络覆盖不到或者很难控管的领域，如消费税中的委托加工由受托方代收加工产品的税款。

（5）代扣代缴：是依照税法规定负有代扣代缴义务的单位和个人，从纳税人持有的收入中扣取应纳税款并向税务机关解缴的一种纳税方式。包括：①向纳税人支付收入的单位和个人；②为纳税人办理汇总存贷业务的单位。在税收法律关系中，扣缴义务人是一种特殊的纳税主体，在征税主体与纳税主体之间。代扣、代收税款时，它代表国家行使征税权；在税款上缴国库时，它又在履行纳税主体的义务。

（6）委托代征：是指受托单位按照税务机关核发的代征证书的要求，以税务机关的名义向纳税人征收一些零散税款的征收方式。

（7）查验征收：是税务机关对某些难以进行源泉控制的征收对象，通过查验证件和实物据以征税的一种征收方式。这种征收方式适用于经营品种比较单一，经营地点、时间和商品来源不固定的纳税单位。

1.2.5　减免税审批

减免税是指税务机关依据税收法律、法规以及国家有关税收规定给予纳税人的减税、免税，主要是对某些纳税人和征税对象采取减少征税或者免予征税的特殊规定。

减税是对应纳税额少征一部分税款；免税是对应纳税额全部免征。减税免税的类型包括一次性减税免税、一定期限的减税免税、困难照顾型减税免税、扶持发展型减税免税等。

把减税免税作为税制构成要素之一，是因为国家的税收制度根据一般情况制订，具有普遍性，不能照顾不同地区、部门、单位的特殊情况。设置减税免税，可以把税收的严肃性和必要的灵活性结合起来，体现因地制宜和因事制宜的原则，更好地贯彻税收政策。

与减免税有直接关系的还有起征点和免征额两个要素。其中，起征点是指开始计征税款的界限。课税对象数额没达到起征点的不征税，达到起征点就全部数额征税。免征额是指在课税对象全部数额中免予征税的数额，它是按照一定标准从课税对象全部数额中预先扣除的数额，免征额部分不征税，只对超过免征额部分征税。起征点和免征额具有不同的作用。起征点的设置前提主要是纳税人的纳税能力，是对纳税能力小的纳税人给予的照顾。免征额的设置虽然也有照顾纳税能力弱者的意思，但其他因素更加关键，如个人所得税中赡养老人税前扣除免征额、子女教育费用税前扣除免征额等，其出发点一是社会效应，二是公平原则。

减免税政策是国家财税政策的组成部分和税式支出的重要形式，是国家出于社会稳定和经济发展的需要，对一定时期特定行业或纳税人给予的一种税收优惠，是国家调控经济、调节分配的重要方式。我国现行减免税的类型，根据税收减免方式，可分为税基式减免、税率式减免、税额式减免三种基本形式。

（1）税基式减免：即通过直接缩小计税依据的方式来减税免税，具体包括起征点、免征额等；其中，起征点是税法规定的征税对象开始征税的数额起点。征税对象数额未达到起征点的不征税，达到或超过起征点的，就其全部数额征税。免征额是税法规定的征税对象全部数额中免于征税的数额。

（2）税率式减免：即通过直接降低税率的方式来减税免税。

（3）税额式减免：即通过直接减少应纳税额的方式来减税免税，具体包括全部免征、减半征收等。

1.2.6　延期纳税

延期纳税包含两方面的延期，一指延期申报申请，二指延期缴纳税款。

1. 延期申报申请

纳税人、扣缴义务人不能按期办理纳税申报或者报送代扣代缴、代收代缴税款报告表的，经税务机关核准，可以延期申报。

经核准延期办理前款规定的申报、报送事项的，应当在纳税期内按照上期实际缴纳的税额或税务机关核定的税额预缴税款，并在核准的延期内办理税款结算。

2. 延期缴纳税款

纳税人因下列情形之一导致资金困难，不能按期缴纳税款的，可以向税务机关申请延期缴纳税款，并在申请延期缴纳的同时向税务机关提供相关证明资料。

1.2.7　税务检查

税务检查制度是税务机关根据国家税法和财务会计制度的规定，对纳税人履行纳税义务的情况进行的监督、审查制度。税务检查是税收征收管理的重要内容，也是税务监督的重要组成部分。搞好税务检查，对于加强依法治税、保证国家财政收入，有着十分重要的意义。

通过税务检查，既有利于全面贯彻国家的税收政策，严肃税收法纪，加强纳税监督，查处偷税、漏税和逃骗税等违法行为，确保税收收入足额入库，也有利于帮助纳税人端正经营方向，促使其加强经济核算，提高经济效益。

1.2.8　增值税

增值税是对销售货物或者提供加工、修理修配劳务以及进口货物的单位和个人就其实现的增值额征收的一个税种。

从计税原理上说，增值税是以货物（含应税劳务）在流转过程中产生的增值额作为计税依据而征收的一种流转税，实行价外税，由消费者负担，有增值才征税，没增值不征税。但在实际当中，商品新增价值或附加值在生产和流通过程中很难准确计算。因此，我国也采用国际上普遍采用的税款抵扣办法，即根据销售商品或劳务的销售额，按规定的税率计算销项税额，然后扣除取得该商品或劳务时所支付的增值税款，也就是进项税额，其差额就是增值部分应交的税额，这种计算方法体现了按增值因素计税的原则。

1.2.9　消费税

消费税是政府向消费品征收的税项，可从批发商或零售商处征收。销售税是典型的间接税，是 1994 年税制改革在流转税中新设置的一个税种。

消费税是在对货物普遍征收增值税的基础上，选择少数消费品再征收的一个税种，主要是为了调节产品结构，引导消费方向，保证国家财政收入。现行消费税的征收范围主要包括烟，酒及酒精，鞭炮，焰火，化妆品，成品油，贵重首饰及珠宝玉石，高尔夫球及球具，高档手表，游艇，木制一次性筷子，实木地板，汽车轮胎，摩托车，小汽车等，有的税目还进一步划分若干子目。

消费税实行价内税，只在应税消费品的生产、委托加工和进口环节缴纳，在以后的批发、零售等环节，因为价款中已包含消费税，因此不用再缴纳消费税，税款最终由消费者承担。

1.2.10　营业税

营业税，是对在我国境内提供应税劳务、转让无形资产或销售不动产的单位和个人，就其所取得的营业额征收的一种税。营业税属于流转税制中的一个主要税种。

1.2.11　企业所得税

企业所得税是对我国内资企业和经营单位的生产经营所得和其他所得征收的一种税，纳税人范围比公司所得税大。《中华人民共和国企业所得税暂行条例》是 1994 年工商税制改革后实行的，它把原国营企业所得税、集体企业所得税和私营企业所得税统一起来，形成了现行的企业所得税。它克服了原来按企业经济性质的不同分设税种的种种弊端，贯彻了"公平税负、促进竞争"的原则，实现了税制的简化和高效，并为进一步统一内外资企业所得税打下了良好的基础。

1.2.12　缴款书

缴款书是在纳税人进行转账缴纳税款时，由税务机关审核开具的纳税人完税证明。它只有通过银行划转后才是纳税的有效凭证，不能用来收取现金。

1.2.13　税务变更

变更税务登记是指纳税人因税务登记内容发生变化，向税务机关申请将税务登记内容重新调整为与实际情况一致的税务登记管理制度。

1）变更税务登记的要求

凡纳税人、扣缴义务人发生所规定的税务登记内容变化之一者，均应自工商行政管理机关办理变更登记或自政府有关部门批准或实际变更之日起 30 日内，持有关证件，向原税务登记主管机关申请办理变更税务登记。

2）变更税务登记的内容

（1）改变纳税人、扣缴义务人名称。

（2）改变法定代表人。

（3）改变登记注册类型。

（4）改变注册（住所）地址或经营地址。

（5）改变银行账号。

（6）改变经营期限。

（7）改变通信号码或联系方式。

（8）增设或撤销分支机构。

（9）其他改变税务登记的内容事项。

1.2.14 税务注销

注销税务登记是指纳税人发生解散、破产、撤销以及其他情形，不能继续履行纳税义务时，向税务机关申请办理终止纳税义务的税务登记管理制度。

1.2.15 停业登记

停业税务登记是指纳税人由于生产、经营等原因，需暂停生产经营活动，应在有关部门批准后，到税务管理机关办理停业税务登记。

1.3 机构岗位说明

1.3.1 税务局长职责

（1）坚决执行党的方针政策和上级的指示精神，保证税收政策和上级决定的贯彻落实。

（2）认真抓好本职工作，履行职责，统筹安排，保证全局工作有条不紊地开展。

（3）坚持依法治税，强化税收征管，完成上级分配的税收任务。

（4）主持召开局务会议和局全体人员会议，做好工作规划，抓好工作落实。

（5）制订明确的岗位职责和管理制度，做到岗责明晰，奖惩严明。

（6）认真抓好干部职工的思想政治教育和业务学习，抓好队伍廉政建设。

（7）认真抓好经费管理，严格经费开支，把好审批关。

1.3.2 税务副局长职责

（1）协助局长抓好思想政治工作和税收业务工作，维护班子团结，确保队伍稳定，保证税收任务的完成。

（2）完成本人分管税收征管任务，协助局长做好税收计划的分配调度，组织指导征收工作。

（3）协调解决税收征管过程中出现的问题，确保行政执法公平、公正、公开。

（4）建立健全各项税收征管制度和操作规程，努力推进税收征管工作。

（5）结合工作实际，认真抓好税收业务辅导和税法宣传教育工作。

（6）教育和监督分管的干部职工，做到依法治税，廉洁自律。

（7）完成上级主管部门以及局长交办的其他工作。

1.3.3 税管员职责

（1）强化税收宣传辅导职责，及时为纳税人辅导、讲解新的税收政策。

（2）强化动态管理职责，将纳税人档案、资料与税源清查结合起来，负责税款征收、入库，增强日常管理的实效性。

（3）强化税源监控职责，落实税收征管制度，通过实时掌握辖区内纳税申报情况，对未按期申报纳税户及时催报催缴。

（4）强化情况反馈职责，管理员定期对纳税人开业、变更、注销资格认定、发票使用定额变化、税款缴纳等情况进行调查核实，提高管户征管水平。

（5）完成上级领导交办的其他临时性工作。

2. 注册与登录

2.1 平台注册与登录

平台注册与登录参考项目二1.1节相关内容。

2.2 税务局进入

在平台园区图中选择③政务服务区模块，单击"国家税务局"，进入税务局。

3. 业务办理

进入税务局操作界面，如图6.1所示。

图6.1 税务局操作界面

3.1　行政审批

3.1.1　新企业税务补充信息表

在企业注册过程中，在开立企业临时账户之前需先去税务局填写《新企业税务补充信息表》，填写完成后提交税务局审核，如图 6.2 所示。

图 6.2　纳税人税务补充信息表操作界面

如果被税务局驳回，企业需要重新填写提交，然后税务局再次审核。

税务局通过企业注册信息审核之后，企业的税务报道完成，企业可返回银行进行临时账户申请。

3.1.2　增值税一般纳税人资格登记

企业单击"行政审批"→"税务报道"→"增值税一般纳税人资格登记"，提交后带纸质版税务申请到税务局，如图 6.3、图 6.4 所示。

图 6.3　一般纳税人资格登记操作界面

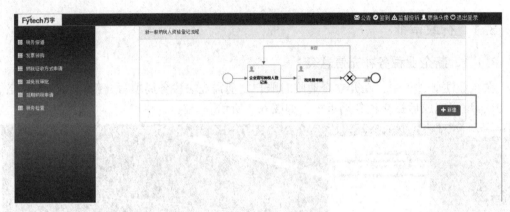

图 6.4　一般纳税人资格登记流程

　　企业填写税务申请后提交税务局审批，审核通过后税务登记完成；若税务局驳回，则企业需重新填写提交并审核，直至通过。

3.2　发票领购

　　发票领购界面如图 6.5 所示。

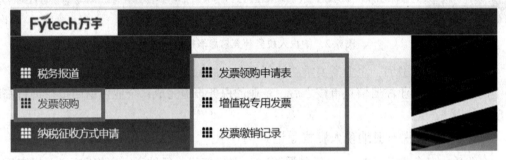

图 6.5　发票领购界面

　　企业进入发票领购界面，单击发票领购申请表，并带上纸质单据到税务局审批，如图 6.6 所示。

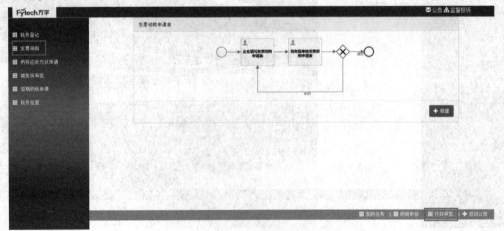

图 6.6　发票领购申请流程

企业单击"行政审批"→"发票领购"→"发票领购申请表"→"领取任务",如图 6.7、图 6.8 所示。

图 6.7　发票领购申请操作界面

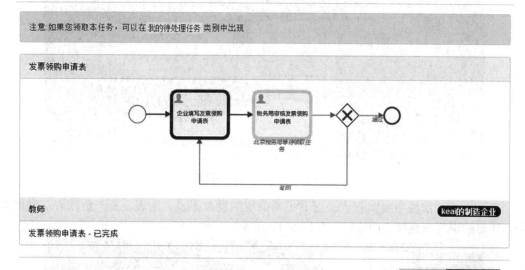

图 6.8　发票领购申请操作窗口

税务局审核确认信息无误后,填写相关意见,单击提交并处理纸质版申请。

税务局办理此业务时,须同时核对企业所携带的《发票领购申请表》。

3.3　纳税申报

企业选择"纳税申报"进入税务局,如图 6.9 所示。

图 6.9　税务局大厅

3.3.1　国税

国税：审核企业填写的"增值税申报"→"企业所得税申报"→"消费税申报"→"缴款书"，如图 6.10 所示。

图 6.10　国税审报操作界面

如选择"增值税申报"报表，可看见增值税纳税申报表、附表、资产负债表、利润表等，所有的申报都是独立的流程，如图 6.11 所示。

图 6.11　增值税纳税申报操作界面

税务局单击"增值税纳税申报表"进行查看，符合给予通过，如图 6.12 所示。最后处理纸质版单据。

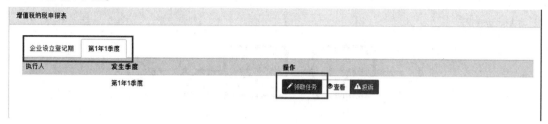

图 6.12 增值税纳税申报表

如企业填写不符合规范，税务局选择驳回，企业修改再次提交，税务局再次审核，如图 6.13 所示。

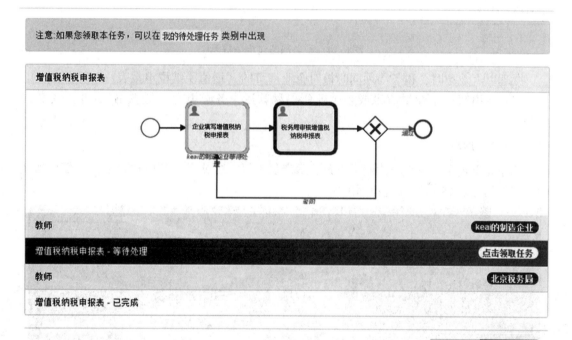

图 6.13 驳回申请提示

企业填写国税缴款书，提交税务局审核，通过后，税务局完成扣税操作，如图 6.14 所示。

流程跟踪

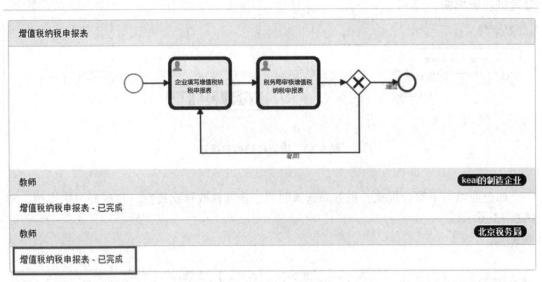

图 6.14   税务局通过申请提示

办理以上业务时，税务局须同时核对企业携带的《增值税纳税申报表》。

当企业填写完企业增值税或是企业所得税款后，务必填写《缴款书》，并由税务局核对。

3.3.2   地税

税务局审核企业填写的营业税申报、房产税申报、缴款书、其他税种申报，都是独立的流程，如图 6.15 所示，流程同国税。

图 6.15   地税申报操作界面

办理以上业务时，税务局须同时核对企业所携带的《营业税申报》。

企业填写完消费税申报表格后，务必填写《缴款书》，并由税务局核对，完成扣费操作。

4. 辅助功能

4.1 工作日志

记录当天税务局的业务操作和一些简要的日志。

4.2 纳税辅导

4.2.1 查看单据

在查看单据界面，税务局可以查看税务登记和发票领购的相关表格样本，如图6.16所示。

图6.16 纳税辅导操作界面

4.2.2 税务流程

税务局业务办理的流程如图6.17所示。

图6.17 税务办理流程

4.3 组织机构

在组织机构界面展示管理税务局人员。组织机构管理如图 6.18 所示。

图 6.18 组织机构管理

项目七

物流公司

》》 1. 物流公司介绍

1.1 机构章程

1.1.1 业务总则

根据物流中心在仿真实习环境中的地位、作用及其相关业务，物流中心的主要业务总则如下。

（1）物流中心是仿真市场中唯一的物流服务提供商，其宗旨是为仿真市场所有单位和组织提供有偿的物流服务。

（2）物流中心严格执行国家流通政策和有关法律法规的规定，坚守行业自律，不得随意泄露客户信息。

（3）物流中心可随时为市场中的任一物流需求方提供物流相关服务。

1.1.2 业务细则

仿真市场环境中的物流公司业务细则如下。

（1）物流中心管理与生产企业签订的合同和订单。

（2）物流中心管理仓储资源。

（3）物流中心管理运输业务。如果物流中心未按时将货物运输给收货方，则需对生产企业进行相应赔偿。

1.2 机构职能

物流公司为供应方和需求方提供物料运输、仓库存储、产品配送等各项物流服务。

1.3 机构业务介绍

1.3.1 合同管理

物流经营者根据合同的要求，提供多功能甚至全方位一体化的物流服务，并依照合同管理其提供的所有物流服务的活动及过程。

1.3.2 仓储管理

仓储管理就是对仓库及仓库内物资的管理活动，是物流中心为了充分利用仓储资源、提供高效的仓储服务所进行的计划、组织、控制和协调过程。物流系统的整体目标是以最低成本提供令客户满意的服务，仓储系统在其中发挥着重要作用，高效仓储活动能够促进企业提高客户服务水平，增强企业的竞争能力。

1.3.3　运输业务

运输是物流的主要功能之一。运输改变了物品的时间状态，更重要的是改变了物品的空间状态。任何实体商品由其生产地至消费地的空间位移，都是依靠运输来完成的。运输的物品创造了空间效用，使物品潜在的使用价值成为可以满足社会消费需要的现实的使用价值。

物品的运输将空间上相隔的供应商和需求者联系起来，也使供应商能在合理时间内将物品提供给需求者。因此，运输提供了物品位移和短期库存的职能。

1.4　机构岗位说明

1.4.1　总经理职责

(1) 负责公司的日常经营管理工作，保证公司经营目标的实现。
(2) 负责各分公司的战略目标和规划的制订、部署，及时做好决策工作。
(3) 负责对公司的行政文书、办公秩序、规章制度等的监督管理。
(4) 负责定期召开公司会议，监督公司业务进展和运营情况。

1.4.2　总经理助理

(1) 在总经理的领导下，做好参谋助手，发挥承上启下的作用。
(2) 协助总经理进行日常事务的处理和公司行政管理制度和规范的编制。
(3) 按照总经理的要求对公司日常办公秩序、行政文书、公司决策项目、企业战略部署等的传达及执行。
(4) 协助总经理处理公司各部门的日常事务工作。

1.4.3　运作部主管

(1) 负责管理分流、专线和前台工作，带领属下员工积极做好本职工作，确保公司目标正常、有序达成。
(2) 负责管理公司的货源汇总、配送、货物仓储、车辆调度和车辆跟踪等。
(3) 负责编制和执行公司货运及相关规章制度。
(4) 负责规划运输线路，控制运输成本，规范运作流程。
(5) 负责协调分流、专线之间的工作，确保货物有序、安全地送达到客户手中。

1.4.4　客服部主管

(1) 负责协助总经理拓展物流市场，做好物流业务。
(2) 负责维护客户资源，整理客户档案。
(3) 负责编制客服部规章制度，规范服务内容和操作流程，给客户提供优质、专业的物流服务。

1.4.5　仓管

(1) 服从公司专线主管的安排，做好货物的仓储工作。
(2) 负责协调好物资的仓储摆放位置，做好自提货物的客户服务、核对工作。
(3) 负责仓储货物的装车核实、卸货清点登记和台账管理，做好仓储货物的防火、防盗工作。

2. 注册与登录

2.1 平台注册与登录

平台注册与登录参考项目二 1.1 节相关内容。

2.2 企业进入

在平台园区图中选择④流通服务区模块，单击物流公司，进入企业，如图 7.1 所示。

图 7.1 园区图

单击"我要去实习"，进入物流公司操作界面，如图 7.2 所示。

图 7.2 物流公司操作界面

3. 物流公司设立

进入物流公司界面后，单击"物流公司设立"，如图7.3所示。

图7.3 物流公司设立操作界面

3.1 企业名称预先核准

在"物流公司设立"→"企业登记"→"名称预先核准委托人代理申请书"界面中，单击"名称预先核准委托人代理申请书"，如图7.4所示。

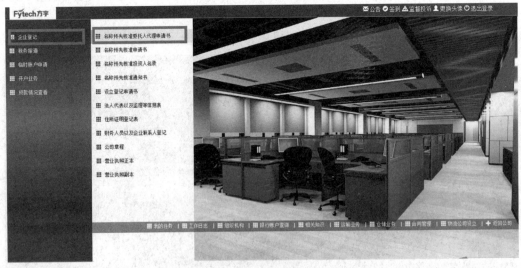

图7.4 名称预先核准操作界面

提交后，再次单击"名称预先核准委托人代理申请书"，如图7.5所示。

图7.5　流程跟踪操作窗口

这时，需要物流公司人员到工商局窗口，申请办理名称预先核准委托人代理申请，并提交纸质《名称预先核准委托人代理申请书》，提交工商局审核。

如果申请书被工商局驳回，物流公司看到的界面如图7.6所示。

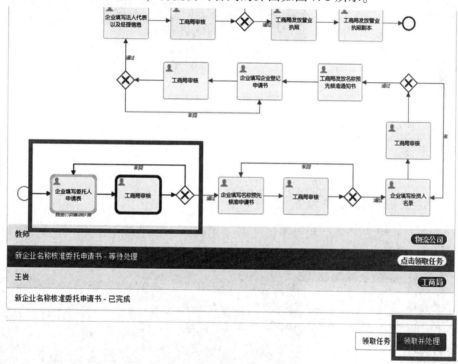

图7.6　驳回申请提示

单击"领取并处理"，物流公司可重新填写《名称预先核准委托人代理申请书》。

派公司人员再次到工商局提出申请，如果申请书被工商局审核通过，企业看到的界面如图7.7所示。

图7.7　通过申请界面

单击"领取任务"，企业可继续填写《名称预先核准申请书》。

提交《名称预先核准申请书》后，去工商局审核。审核通过后，企业填写《名称预先核准投资人名录》，并去工商局审核。

工商局审核完成后，发放《名称预先核准通知书》。企业收到通知书后，填写《企业登记申请书》，如图7.8所示。

图7.8　设立登记申请书操作界面

工商局审核通过《企业登记申请书》后，企业填写《法人代表以及监理等信息表》，并到工商局审核。

工商局审核通过后发放营业执照及副本，企业登记完成。

3.2　企业税务信息补充登记

在"物流公司设立"→"税务报道"→"纳税人税务补充信息表"界面，新建流程，填写纳税人税务补充信息表并提交，如图7.9、图7.10所示。

图7.9　物流公司设立操作界面

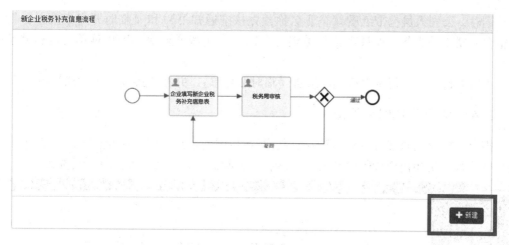

图 7.10   新企业税务补充信息流程

3.3   企业临时账户开立

在"物流公司设立"→"临时账户申请"界面,新建流程填写企业临时账号申请单并提交,如图 7.11、图 7.12 所示。

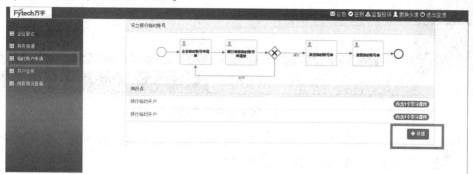

图 7.11   新建临时账户操作窗口

临时开户申请单
开户理由   公司建立
公司名称: 北京天启物流有限责任公司
日期: ****年****月****日
审核意见

图 7.12   《临时开户申请单》

同时，公司人员携带纸质《企业名称预先核准通知书》和《临时开户申请单》到银行柜台办理相关业务。如果申请单被银行驳回，企业需要再次单击申请单，进行修改并提交。

银行通过后，公司从银行领取纸质《临时账号单》，并在线接收《临时账号单》。

3.4　企业基本账户开立

携带纸质《临时账号单》、营业执照、营业执照副本到银行办理开户业务。新建流程，填写电子版《机构信用代码申请表》，如图 7.13 所示，并派人去银行填写纸质版。

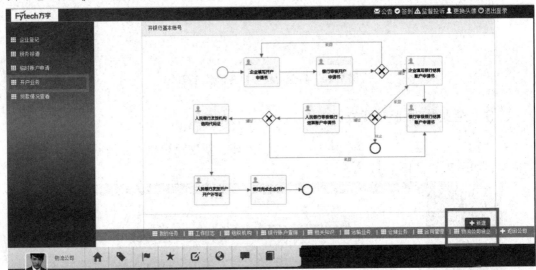

图 7.13　物流公司开户流程

银行审核通过后，物流公司再次来到开户业务功能，需要填写电子版《银行账户结算申请书》提交给银行，并派人去银行填写纸质版。

银行审核完《开立单位银行结算账户申请书》后，开户业务办理完毕，公司领取《机构信用代码证》《开户许可证》，企业基本账户开立完成。

至此，物流公司注册完成。

4. 物流公司业务

4.1　合同管理

合同管理操作窗口如图 7.14 所示。

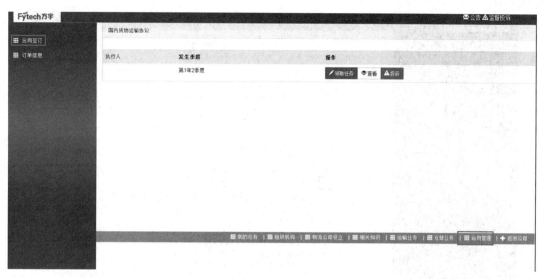

图 7.14 合同管理操作窗口

在"合同管理"→"合同签订"界面领取任务并审核《国内货物运输协议》合同电子版和纸质版。

如果协议合同书写不规范，请驳回让制造企业重新填写，如图 7.15、图 7.16 所示。

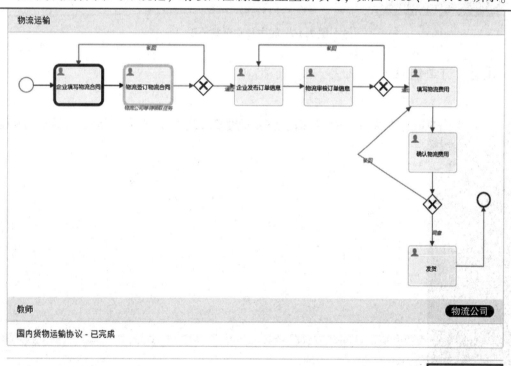

图 7.15 驳回用户申请窗口

国内货物运输协议

编号：

甲方：
法定代表人：
地址：
电话：

乙方：
法定代表人：
地址：
电话：

依照有关法律规定，甲乙双方本着平等互惠的原则，就甲方委托乙方办理货物运输事宜达成如下协议：

1、委托代理事项

1.1、甲方委托乙方托运品为：＿＿，运输方式为以下第＿＿项运输服务业务；

A、航空货物运输业务（国内各航空公司）；

B、省际汽运业务（含国内汽运门对门业务）；

C、铁路货物运输业务（含行包、行邮、专列、中铁快运等）；

1.2、甲方委托乙方托运货物事宜时，应准确真实填写发货(提货)清单并盖章(签名)确认或如实填写[并签名(盖章)]乙方所提供的《货物托运书》并由乙方签收。

1.3、甲方委托乙方代理取货事宜时，应当明确告知乙方待取货物的名称、数量（件数），取货地点，并提供取货所需的单证。

1.4、甲方不得以隐瞒的形式委托乙方托运限运、禁运物品，否则由此产生的责任由甲方承担。

1.5、乙方指派＿＿为办理甲方货运事宜的联系代表，代表乙方处理为甲方办理货物托运的相关事宜，该代表变更时乙方必须以书面形式通知甲方，非乙方指定人员处理接货、对帐、结算等事宜，甲方又不提出异议，而产生的甲方货物被冒领、货款被他人代领等不正常事件，其责任及损失应由甲方全部承担。

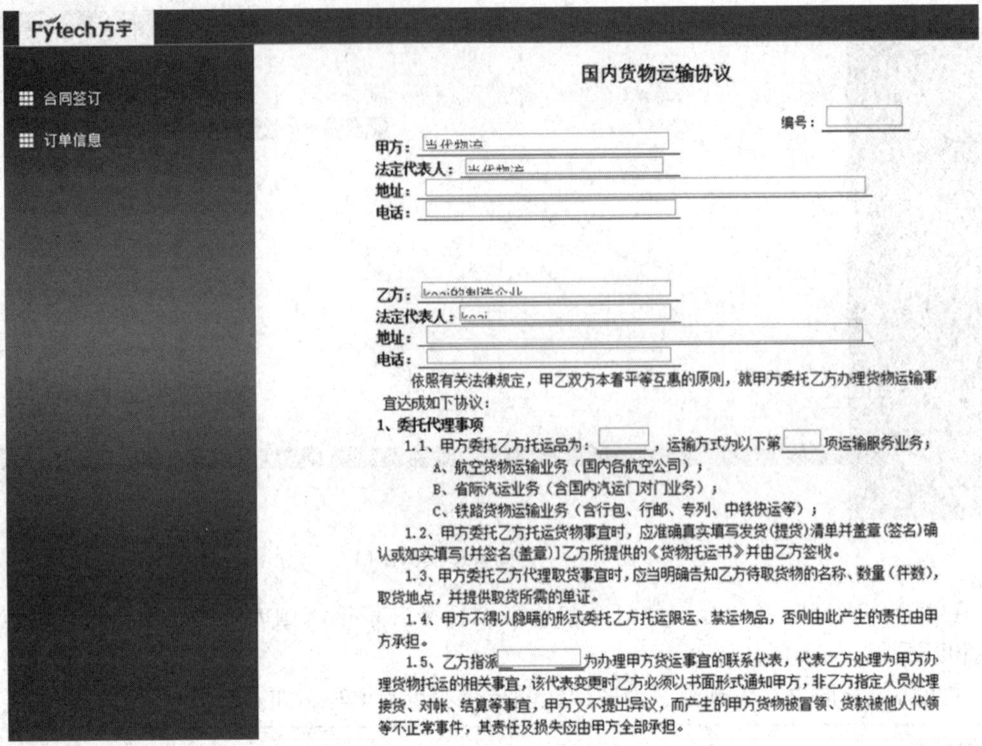

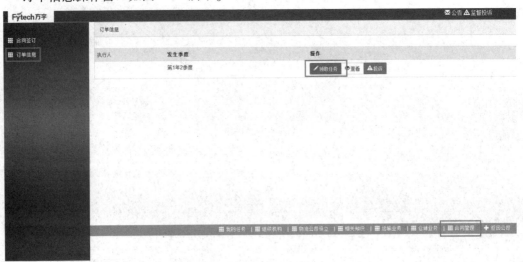

图 7.16　国内货物运输协议

4.2　订单信息

订单信息操作窗口如图 7.17 所示。

图 7.17　订单信息操作窗口

在“合同管理”→“订单信息”界面中，单击“领取任务”并审核电子版和纸质版订单信息。

查看订单的详细信息，如图 7.18 所示。

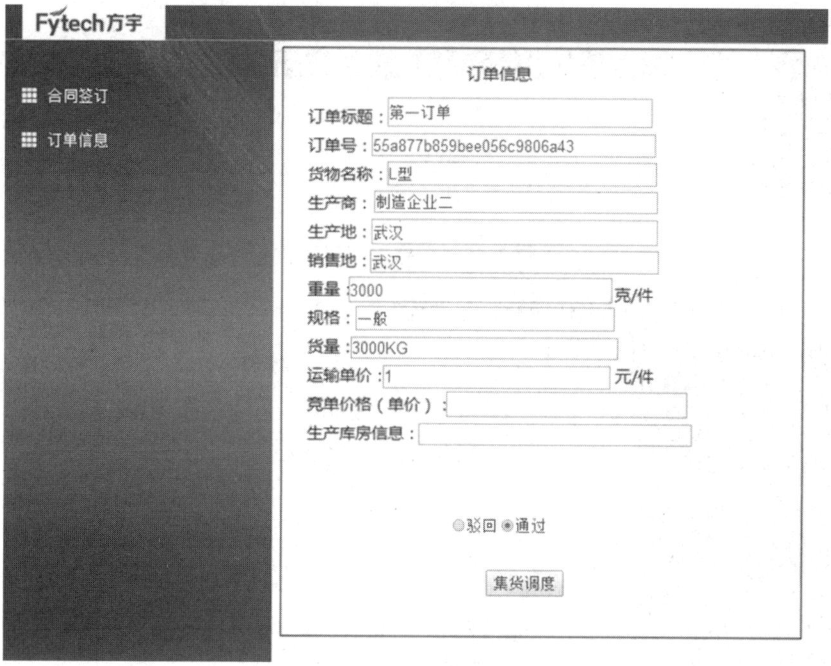

图 7.18　订单信息

物流公司填写物流费用（物流费用的价格为正整数，且无单位，中间不能有空格英文及非法数字）。

物流公司在"合同管理"→"订单信息"界面中，单击"领取任务"并处理。

制造企业需要确认物流总费用、发货并付款。

4.3　仓储业务

4.3.1　入库明细

在"仓储业务"→"仓储管理"界面中，单击"入库明细"，如图 7.19 所示。

图 7.19　入库明细操作界面

在入库明细中单击"新增"按钮，如图 7.20 所示。

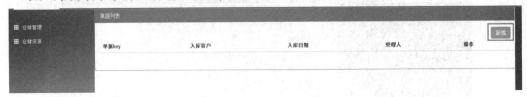

图 7.20　新建入库明细

填写纸质版和电子版《入库单明细》，如图 7.21 所示。

入库单明细

入库客户		入库库房		入库日期	
委托单号		入库单号		受理人	
运单号码		交接库管员		到库时间	
运送单位		车牌号码		司机	
备注					

入库单明细

入库客户		入库库房		入库日期	
委托单号		入库单号		受理人	
运单号码		交接库管员		到库时间	
运送单位		车牌号码		司机	
备注					

入库单明细

入库客户		入库库房		入库日期	
委托单号		入库单号		受理人	
运单号码		交接库管员		到库时间	
运送单位		车牌号码		司机	
备注					

图 7.21　《入库单明细》

4.3.2　出库明细

在"仓储业务"→"仓储管理"界面中，单击"出库明细单"，如图 7.22 所示。

图 7.22　出库单明细操作界面

单击"新增"按钮，如图 7.23 所示。

图 7.23　新建出库单明细

填写纸质版和电子版《出库单明细》，如图 7.24 所示。

图 7.24　出库单明细

4.3.3　盘库单

在"仓储业务"→"仓储管理"界面中，单击"盘库单"，如图 7.25 所示。

图 7.25　盘库单操作界面

如果没有盘库单，单击"新增"按钮。

填写纸质版和电子版盘库单，如图 7.26 所示。

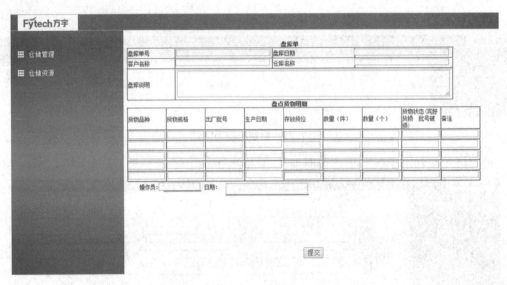

图 7.26 盘库单

4.4 运输业务

4.4.1 运单

在"运输业务"→"国内运输"界面，单击"运单"，如图 7.27 所示。

图 7.27 运单操作界面

单击"新增"按钮，如图 7.28 所示。

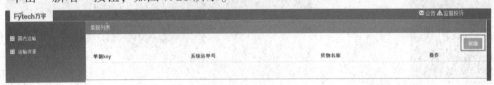

图 7.28 新建运单

填写纸质版和电子版运单信息，如图 7.29 所示。

运单

运单信息	系统运单号		交接运单号		系统订单号	
	起运地		目的地		距离	
	中转		中转联系人		中转联系电话	
	特约事项		其他			
承运信息	承运商		承运商电话		车牌号	
	司机		司机电话			
费用信息	应付运费		应付配送费		应付提货费	
	其他费用		应付合计			
	运费付款方式		代收货款			
货物信息	货物名称		数量		重量	
	体积		单价		计价单位	
	总价					

提交

图 7.29　运单

4.4.2　路单

在"运输业务"→"国内运输"界面，单击"路单"，如图 7.30 所示。

图 7.30　路单操作界面

单击"新增"按钮，填写纸质版和电子版路单信息，如图 7.31 所示。

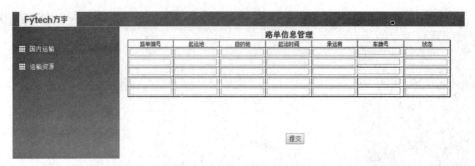

图 7.31　路单信息管理

4.4.3　签收单

在"运输业务"→"国内运输"界面，单击"签收单"，如图 7.32 所示。

图 7.32　签收单操作界面

单击"新增"按钮，填写纸质版和电子版签收单信息，如图 7.33 所示。

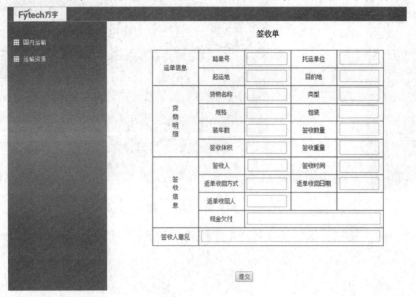

图 7.33　签收单

4.4.4 核销单

在"运输业务"→"国内运输"界面，单击"核销单"，如图7.34所示。

图7.34 核销单操作界面

单击"新增"按钮，填写纸质版和电子版核销单信息，如图7.35所示。

图7.35 核销单信息

4.4.5 费用结算

在"运输业务"→"国内运输"界面，单击"费用结算"，如图7.36所示。

图7.36 费用结算操作界面

单击"新增"按钮，填写纸质版和电子版费用结算，如图 7.37 所示。

图 7.37　费用结算

4.4.6　企业利润表

在"运输业务"→"国内运输"界面，单击"企业利润表"，如图 7.38 所示。

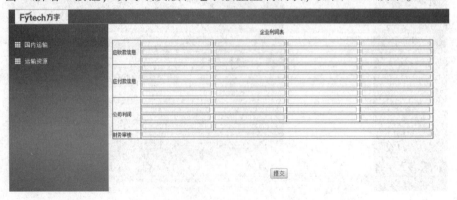

图 7.38　企业利润表操作界面

单击"新增"按钮，填写纸质版和电子版企业利润表，如图 7.39 所示。

图 7.39　企业利润表

4.4.7　损益表

在"运输业务"→"国内运输"界面，单击"损益表"，如图7.40所示。

图7.40　损益表操作界面

单击"新增"按钮，填写纸质版和电子版损益表信息，如图7.41所示。

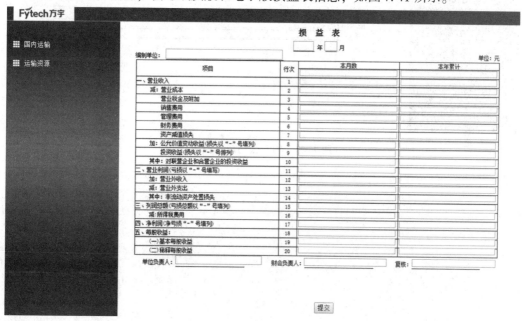

图7.41　损益表

4.4.8　物流公司成本费用

在"运输业务"→"国内运输"界面，单击"物流公司成本费用"，如图7.42所示。

图 7.42　物流公司成本费用操作界面

单击"新增"按钮，填写纸质版和电子版物流公司成本费用，如图 7.43 所示。

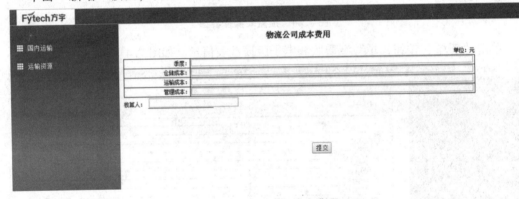

图 7.43　物流公司成本费用

商业银行

1. 商业银行介绍

1.1 机构章程

1.1.1 业务总则

根据银行在仿真实习环境中的地位和作用，银行全体工作人员必须根据本章程的各项规定开展工作。

（1）银行的宗旨是为仿真实习环境中所有单位、团体和个人提供资金支持，并为客户优质服务。

（2）银行必须坚持公平、公正的原则，严格执行国家金融政策和有关法律法规的规定，不得泄露客户信息。

（3）凡是在银行开设账户的客户，都要遵守本行的规定，接受本行的监督。

（4）银行有权监督贷款单位对贷款的使用情况。

1.1.2 业务细则

银行在仿真实习环境中的主要业务及其规则如下。

（1）为客户提供开户管理。

（2）为客户提供贷款管理。

（3）为客户提供银行询证函，并为客户进行转账操作。

（4）为客户提供国际结算。

（5）查看企业经营状况。

1.2 机构职能介绍

银行是通过存款、贷款、汇兑、储蓄等业务，承担信用中介的金融机构。银行是金融机构之一，而且是最主要的金融机构，它主要的业务范围包括吸收公众存款、发放贷款及办理票据贴现等。在我国，中国人民银行是我国的中央银行。

在仿真实习中，银行的主要职责如下（代办中国人民银行职能）。

（1）起草有关法律和行政法规；完善金融机构运行规则；发布与职责有关的命令和

规章。

（2）依法制订和执行货币政策。

（3）监督管理银行间同业拆借市场和债券市场、外汇市场、黄金市场。

（4）防范和化解系统性金融风险，维护国家金融稳定。

（5）确定人民币汇率政策，维护合理的人民币汇率水平，实施外汇管理，持有、管理和经营国家外汇储备和黄金储备。

（6）会同有关部门制订支付结算规则，维护支付、清算系统的正常运行。

（7）制订和组织实施金融业综合统计制度，负责数据汇总和宏观经济分析与预测。

（8）组织协调国家反洗钱工作，指导、部署金融业反洗钱工作，承担反洗钱的资金监测职责。

（9）管理信贷征信业，推动建立社会信用体系。

（10）作为国家的中央银行，从事有关国际金融活动。

（11）按照有关规定从事金融业务。

1.3　机构业务介绍

1）银行开户

银行开户即投资者开设证券账户和资金账户的行为。公司在领取营业执照并刻制公章后，即可到银行办理开户手续，开立银行结算账户。

2）银行贷款

银行贷款是指银行根据国家政策以一定的利率将资金贷放给资金需要者，并约定期限归还的一种经济行为。而且，在不同的国家和一个国家的不同发展时期，按各种标准划分出的贷款类型也有差异。

3）银行询证函管理

询证函是由审计师（或其他鉴证业务执行人）以被审计者的名义向被询证人发出的，以获取被审计者的相关信息或现存状况的声明。

按照相关准则的要求，询证函必须由审计师亲自寄发，不可由被审计者代为寄发。被审计者可以帮助填写询证函的内容并提供被询证人的地址等信息，但是审计师必须对上述信息进行检查核对。询证函是审计师审计工作底稿的重要组成部分。

寄发询证函以获取审计证据的审计程序称函证。按照审计准则的规定，所有的银行账户，包括审计期间内销户的账户都应当进行函证。

4）银行转账

银行转账是不直接使用现金，而是通过银行将款项从付款单位账户划转到收款单位账户完成货币收付的一种结算方式。当结算金额大、空间距离远时，使用转账结算，可以实现更安全、快速地结算。在现代社会，绝大多数商品交易和货币支付都通过转账结算的方式进行。

转账结算的方式很多，主要分为同城结算和异地结算两大类。同城结算包括支票结算、付款委托书结算、同城托收承付结算、托收无承付结算和限额支票结算等；异地结算包括异地托收承付结算、异地委托收款结算、汇兑结算、信用证结算和限额结算等。

银行办理转账结算和在银行办理转账结算的单位应遵循钱货两清、维护收付双方的正当权益、银行不予垫款的原则。

5）国际结算

国际结算是指国际由于政治、经济、文化、外交、军事等方面的交往或联系而发生的以货币表示债权债务的清偿行为或资金转移行为。有形贸易引起的国际结算为国际贸易结算，无形贸易引起的国际结算为非贸易结算。

仿真市场中主要使用的结算方式是信用证结算。

信用证是指开证银行应申请人的要求，并按其指示向第三方开立的载有一定金额的、在一定的期限内凭符合规定的单据付款的书面保证文件。信用证是国际贸易中最主要、最常用的支付方式。

1.4　机构岗位说明

1）行长职责

（1）运营管理：根据上级行下达的各项业务经营指标与总体计划，组织开展业务经营活动，落实上级行的经营策略并达成年度经营目标。

（2）风险管理：定期对营业现金、库存现金、重要空白凭证等进行安全管理检查，组织业务培训，并对检查整改效果负责。

（3）人员管理：合理配置人力资源，负责对网点员工的信用评估、考核与激励、培训与指导。

（4）营销管理：组织网点开展日常营销工作，加强对中高端客户的管理，优化网点客户结构，直接参与部分重要客户的营销与维护工作，对网点经营效益负责。

（5）业务授权：按照储蓄业务处理系统的柜员权限，履行授权职责。

（6）文化建设：负责网点组织文化建设和工作氛围营造，树立网点良好形象。

2）柜员职责

（1）执行个人人民币储蓄业务的各项规章制度，并在所属权限内进行日常业务操作。

（2）负责本柜现金、凭证盘点，做好日终轧账，确保账实相符。

（3）了解客户需求，充分利用柜面向客户进行业务宣传和推荐金融产品，将意向客户转介给理财经理。

（4）配合支行长开展业务的宣传、推广工作。

（5）与柜员职能相应的其他职责。

3）合规经理职责

（1）负责业务指导。根据业务规章制度、内控制度和操作流程，指导普通柜员正确办理业务，提高业务服务水平，协助或辅导解决营业过程中遇到的业务问题，协助支行长做好各项业务培训，协助支行长做好网点金融业务质量分析工作。

（2）负责业务授权和审核监督。按照储蓄业务处理系统的柜员权限，履行授权职责，负责对营业人员办理业务的有效性、合规性、完整性进行监督。

（3）负责会计管理。会计管理具体包括柜员管理，尾箱管理，现金、支票和重要空白凭证管理，报表管理，档案管理，章戳管理等。

（4）负责安全管理。负责检查网点的监控设备、安全设施，监督网点人员对安全操作管理规定的执行，负责报告有关异常情况和提出对风险隐患的整改建议，负责网点各业务系统中的工号登录与实际当班人员情况的检查，监督交接班人员或下班人员是否已执行工号正式签退操作，监督是否存在使用他人工号等情况。

（5）负责网点合规和反洗钱工作。

（6）与合规经理职能相对应的其他职责。

4）银行信贷员职责

（1）公布所营贷款的种类、期限、利率、条件，向借款人提供咨询；了解借款人需求，要求其提供财务报告等基本情况，指导其填写借款申请书，为其办理贷款申请工作。

（2）根据借款人的资金结构等因素，协助有关人员和部门对借款人的信用等级进行评定。

（3）对借款人借款的合法性等因素进行调查，核实抵押物、质物、保证人情况，测定贷款的风险度。

（4）回复借款人的贷款申请，与借款人签订借款合同，并根据需要与保证人签订保证合同或到公证部门进行公证。

（5）向借款人发放贷款，并对借款人执行合同情况及其经营情况进行追踪调查和检查。

（6）根据借款人要求与借款人协商并办理提前还款和贷款展期工作。

（7）向借款人发送还本付息通知单，敦促借款人还付借款；对逾期贷款发出催收通知单。

（8）收集有关资料，协助有关部门对不能落实还本付息的借款人依法进行起诉。

（9）建立和完善贷款质量保全制度，对不良贷款进行分类、登记、考核和催收。

5）银行客户经理岗位职责

（1）负责银行客户关系的建立和维护。

（2）负责完成相应银行产品和服务的销售指标。

（3）负责售前和售后的协调工作。

（4）负责与合作银行各相关机构建立并保持良好的合作关系。

（5）负责参与与银行业务有关的会议与谈判。

（6）负责收集用户信息，及时向产品开发部门提供建议。

（7）负责配合或组织公司其他部门及成员完成银行产品项目的接入和实施。

（8）负责草拟、签订相关的合同、协议等工作。

2. 注册与登录

2.1 平台注册与登录

平台注册与登录参考项目二 1.1 节相关内容。

2.2 企业进入

在平台园区图中选择③政务服务区模块，单击商业银行，进入园区，如图 8.1 所示。

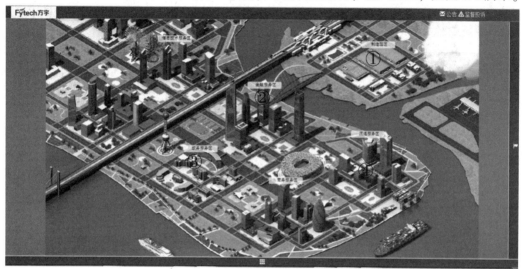

图 8.1　园区图

3. 银行业务

进入银行业务操作界面，如图 8.2 所示。

图 8.2　银行业务操作界面

3.1 开户管理

单击"开户管理"→"临时账户开户申请管理",如图8.3所示。

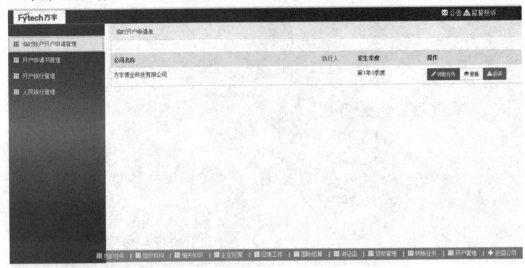

图8.3 临时账户开户申请管理

3.1.1 临时账户管理

银行必须核对被审企业所携带的纸质《临时账户申请单》。

单击"开户管理"→"临时账户开户申请管理",再单击"领取任务",即可开始处理企业申请的临时账户,如图8.4所示。

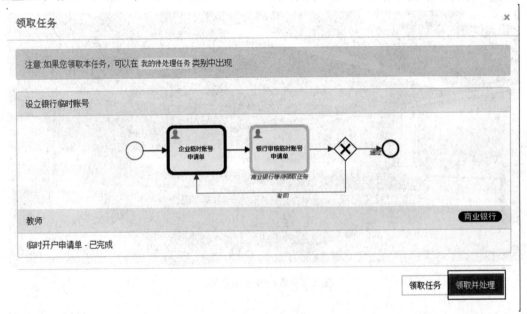

图8.4 处理企业临时账号申请单

单击"领取并处理"→"确定"→"审核",在公司名称处须填写公司预先核准的名称,确认无误后单击"通过"并提交。若不符合标准,单击"驳回"后提交,被驳回后企业重新填写申请单并提交,如图 8.5 所示。

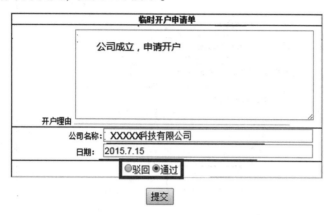

图 8.5 临时开户申请单

被审企业临时账户开立成功后,单击"查看流程"跟踪最后一个临时开立账号,可查看企业开立的临时账户账号。

最后向企业发放纸质《临时账户》。

3.1.2 开户申请书管理

单击"开户管理"→"开户申请书管理"→"领取任务"→"确定",如图 8.6 所示。

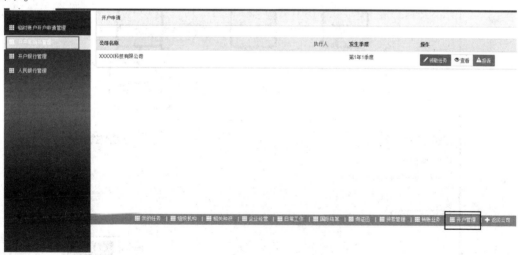

图 8.6 开户申请书管理

审核银行开户申请，如图 8.7 所示。

图 8.7　银行开户申请

3.1.3　开户银行管理

单击"开户管理"→"开户申请书管理"，再次领取任务，如图 8.8 所示。

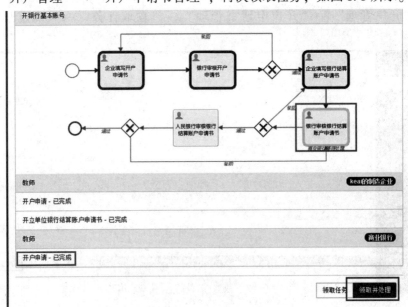

图 8.8　开户申请操作窗口

审核《银行结算账户申请书》，并处理纸质版。

3.1.4　人民银行管理

单击"开户管理"→"人民银行管理"，领取任务，单击"审核"进行查阅，如图 8.9 所示。

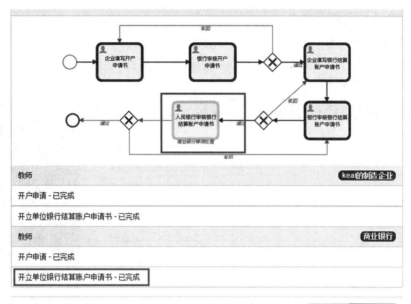

图 8.9　人民银行审核银行结算账户申请书

查阅后，填写开立单位银行结算账户申请书审核意见，审核通过则单击"通过"并提交。若审核不合格，单击"驳回"，待企业修改合格后"通过"。

3.2　转账业务

3.2.1　对账单

单击"转账业务"→"企业账户余额"，可选择企业并选择对应季度的对账单进行查看，如图 8.10 所示。

小组名称	公司名称	账户	余额
制造企业二	制造企业二	20150716511144700001	0
制造企业一	制造企业一	20150716511322300002	0
系统账号	系统账号	20150716511350800003	10000
系统账号	系统账号	20150716511350900004	10000
系统账号	系统账号	20150716511350900005	10000
系统账号	系统账号	20150716511350900006	10000
系统账号	系统账号	20150716511350900007	10000
系统账号	系统账号	20150716511350900008	10000
系统账号	系统账号	20150716511350900009	10000
系统账号	系统账号	20150716511350900010	10000
系统账号	系统账号	20150716511350900011	10000
系统账号	系统账号	20150716511350900012	10000
银行	银行	20150716511350900013	0
工商局	工商局	20150716511350900014	0

图 8.10　企业转账业务清单

3.2.2　企业之间相互转账

转账单位须双方到场，手持支票并检查填写是否正确。

转账由核心企业转出方在"财务部"→"转账"界面发起，填入转入方核心企业的银行账号，如图 8.11 所示。

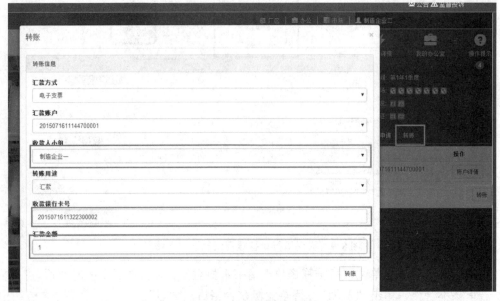

图 8.11　转账操作窗口

确认支票填写无误后，再单击"提交"。在操作提示中处理转账支票，然后由银行进行支票处理。

在银行"转账业务"→"电子支票审核"界面，领取任务并审核支票格式，如图 8.12、图 8.13 所示。

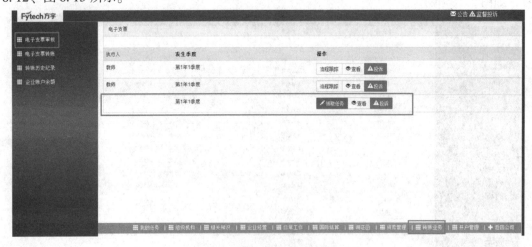

图 8.12　电子支票审核操作窗口

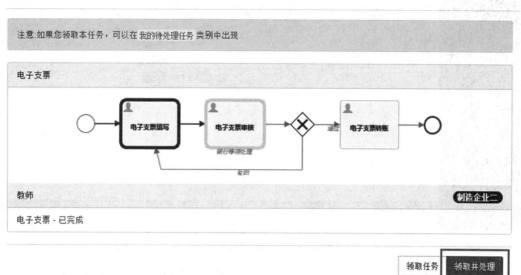

图 8.13　电子支票审核

如银行驳回，企业需修改提交，如图 8.14 所示。

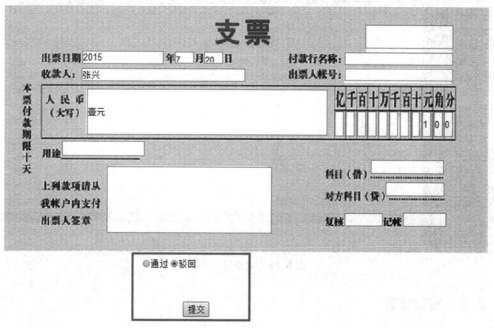

图 8.14　再次提交

审核通过之后由银行处理转账业务，如图 8.15 所示。

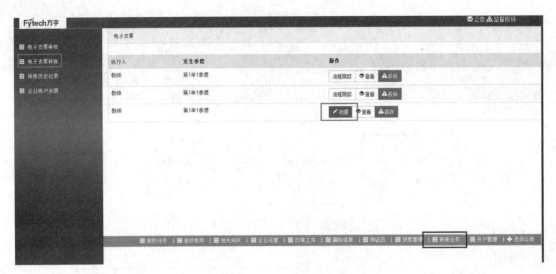

图 8.15　银行处理转账业务

银行完成转账之后，由转账发起方付款，另一方进行收款，即完成整个流程。

3.2.3　企业账户余额

单击"结算业务"→"企业账户余额"，可在此处查询企业余额，如图 8.16 所示。

小组名称	公司名称	账户	余额
制造企业二	制造企业二	20150716111447000001	10000000
制造企业一	制造企业一	20150716113223000002	0
系统账号	系统账号	20150716113508000003	10000
系统账号	系统账号	20150716113509000004	10000
系统账号	系统账号	20150716113509000005	10000
系统账号	系统账号	20150716113509000006	10000
系统账号	系统账号	20150716113509000007	-9990000
系统账号	系统账号	20150716113509000008	10000
系统账号	系统账号	20150716113509000009	10000
系统账号	系统账号	20150716113509000010	10000
系统账号	系统账号	20150716113509000011	10000
系统账号	系统账号	20150716113509000012	10000
银行	银行	20150716113509000013	0
工商局	工商局	20150716113509000014	0

图 8.16　企业账户余额

3.3　贷款管理

3.3.1　调查报告管理

单击"贷款管理"→"调查报告管理"，如图 8.17 所示。

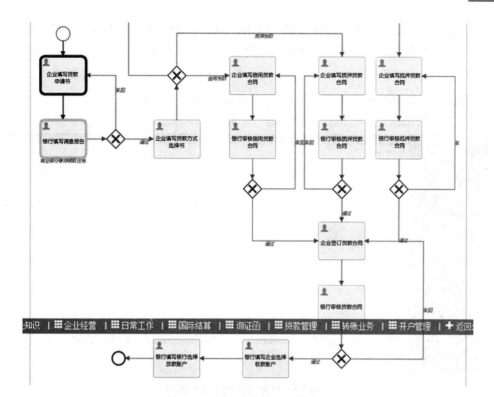

图 8.17　调查报告管理操作窗口

单击"领取并处理",处理调查报告,如图 8.18 所示。

调查报告

公司简介

调查企业经营状况

分析财务报表

调查结论

| 相关知识 | 企业经营 | 日常工作 | 国际结算 | 询证函 | 贷款管理 | 转账业务 | 开户管理 |

提交

图 8.18　调查报告

审核调查报告后,情况属实银行则单击"通过"并提交。若企业情况不符合贷款标准,则在调查结论处填写"不同意贷款",单击"驳回"并提交。

贷款调查报告填写后,等待企业提交贷款合同签订书,并处理纸质版《调查报告》。

贷款合同分为抵押合同、质押合同、信用合同，企业可根据实际情况选择。在仿真实习中几种类型的贷款流程一样，下文展示抵押合同的办理流程。

3.3.2 抵押合同

查看企业携带的纸质《抵押合同》，核对无误后银行签字盖章。

单击"贷款管理"→"抵押合同管理"，如图 8.19 所示。

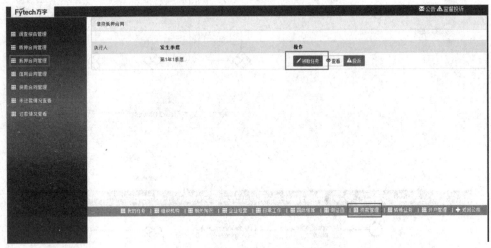

图 8.19 抵押合同管理操作窗口

单击"领取任务"并处理签订抵押合同，如图 8.20 所示。

借贷抵押合同

合同编号：			
抵押人(甲方)：	kanj		
住址：		邮政编码：	
法定代表人(负责人)：			
传真：		电话：	
抵押权人(乙方)：	银行		
住址：		邮政编码：	
负责人：			
传真：		电话：	

1、抵押物名称及清单

2、担保范围_____种
3、担保金额
4、抵押财务登记

5、甲方 乙方各自的权利与义务及承担的债务

6、甲乙双方的违约责任

图 8.20 借贷抵押合同

抵押合同签订后，贷款企业还需要签订《贷款合同》。

3.3.3 人民币资金借贷合同

查看企业携带的纸质《人民币资金借贷合同》，核对无误后银行签字盖章。

单击"贷款管理"→"贷款合同管理"，如图 8.21、图 8.22 所示。

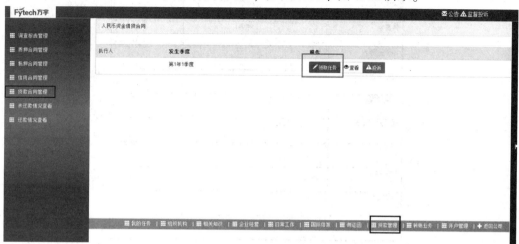

图 8.21 贷款合同管理操作窗口

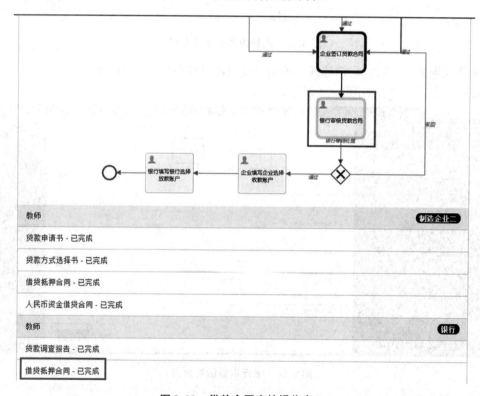

图 8.22 贷款合同审核操作窗口

银行审核后单击"通过"，并提交人民币资金借贷合同，如图 8.23 所示。

贷款人(乙方)：	
住址：	
负责人：	邮编：
传真：	电话：
借款金额：	1
借款用途：	
借款期限：	1
借款利率种类：	◉长期贷款 ◉短期贷款
借款利率：	4
贷款种类：	RMB
违约责任：	
罚金利率：	1

◉驳回 ◉通过

提交

图 8.23　人民币资金借贷合同

由贷款企业进行银行账户选择，单击企业贷款并领取任务，确认账户。

最后，银行放款，如图 8.24 所示。

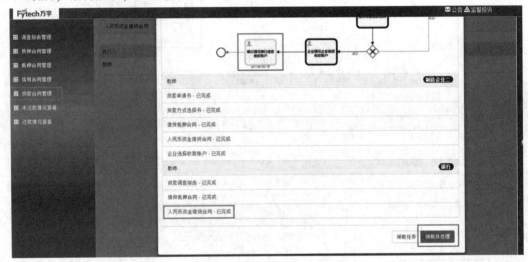

图 8.24　银行审核借贷合同

3.3.4　还款情况查看

单击"贷款管理"→"还款情况查看"，可查看企业是否还款，如图 8.25 所示。

图 8.25　还款情况查看

3.4　其他业务

3.4.1　银行询证函

会计师事务所进行审计时需要向银行发送《银行询证函》，核对企业所携带的纸质《银行询证函》，核对无误后，银行签字盖章。

由贷款企业填写询证函，然后由会计师事务所确认询证函，并发送到银行，如图8.26、图 8.27 所示。

图 8.26　银行询证函操作窗口

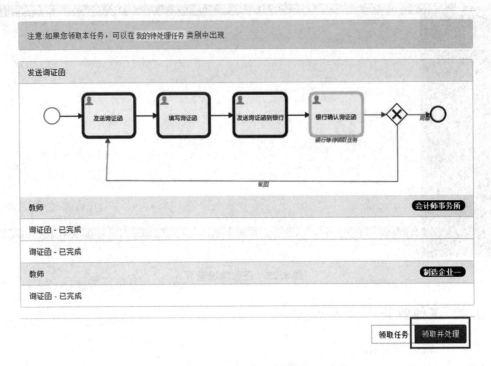

注意:如果您领取本任务,可以在 我的待处理任务 类别中出现

发送询证函

发送询证函 → 填写询证函 → 发送询证函到银行 → 银行确认询证函

银行等待领取任务

驳回

教师   会计师事务所

询证函 - 已完成

询证函 - 已完成

教师   制造企业一

询证函 - 已完成

领取任务   领取并处理

图 8.27　领取并处理询证函

审核《银行询证函》,并处理纸质版《银行询证函》。

若符合要求,银行则单击"通过"并提交,如图 8.28 所示。

询证函

编号:

keai的制造企业　　　(公司):

　　本公司聘请的　　　　　　会计师事务所正在对本公

司　　年度财务报表进行审计,按照中国注册会计师执业准则的要

求,应当询证本公司与贵公司的往来账项等事项。下列数据出自本公

司账簿记录,如与贵公司记录相符,请在本函下端"数据证明无误"

处签章证明;如有不符,请在"数据不符"处列明不符金额。回函请直

接寄至　　　　　　　　　　会计师事务

所。

通讯地址:

邮编:　　　　　　　　电　话:

传真:　　　　　　　　联系人:

1、本公司与贵公司的往来账项列示如下

截止日期	贵公司欠	欠贵公司	备注

图 8.28　询证函

若不符则单击"驳回"并提交，由企业重新填写审核，如图 8.29 所示。

答复：1. 数据证明无误   2. 数据不符，请列明
　　　　　　　　　　　　　　　　不符金额

（签章）□　　　　　　　　　　（签章）□

（日期）□　　　　　　　　　　（日期）□

　　　　　○同意 ●驳回

提交

图 8.29　驳回询证函

3.4.2　信用证开证

单击"国际结算"→"信用证开证"，如图 8.30 所示。

图 8.30　信用证开证操作界面

单击"领取任务",审核信息并发放纸质版和电子版信用证,如图 8.31 所示。

信用证		
	信用证	
信用证开证	SEND BY	
查看信用证	SEQUENCE OF TOTAL	27:
出售支票	FORM OF DOC. CREDIT	40A:
	DOC. CREDIT NUMBER	20:
	DATE OF ISSUE	31C:
	APPLICABLE RULES	40E:
	DATE AND PLACE OF EXPIRY	31D:
	APPLICANT	50:
	BENEFICIARY	59:
	AMOUNT	32B:
	PERCENTAGE CREDIT AMOUNT TOLERANCE	39A:
	AVAILABLE WITH/BY	41D:
		BY
	DRAFTS AT...	42C:
	DRAWEE	42A:
	PARTIAL SHIPMENTS	43P:

图 8.31　信用证

3.5　工作日志管理

单击"日常工作"→"工作日志管理",银行员工单击"新增",可将自己每天的工作写成工作日志,如图 8.32 所示。

图 8.32　新建工作日志

3.6　组织机构

单击"组织机构"→"岗位管理",银行经理可通过创建岗位、加入人员的方式给用户提供岗位,如图 8.33 所示。

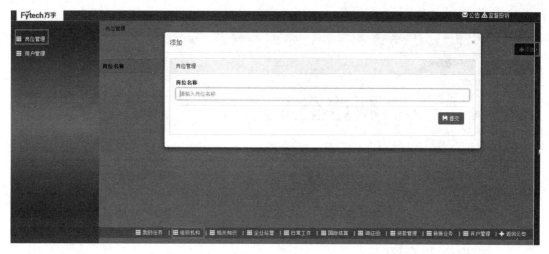

图 8.33　岗位管理

制造企业

1. 制造企业介绍

1.1 机构介绍

现代服务业环境下的现代制造业，对信息化水平、企业的组织形式、经营的开放性与全球性、企业的研究开发能力与产品的技术含量都有较高的要求。仿真实习环境中的制造业是一个从生产技术水平相对较低向研发、生产高技术产品转型的企业，所生产的产品正朝着多功能、复合化、轻便化、智能化和品味化的方向发展。

基于此，我们选择手机制造业作为本制造业经营模拟的行业，以手机作为产品。制造企业可以生产多种手机产品，各种类型手机产品的原材料不尽相同。

在模拟期初我们设定企业是一个新成立的企业，在成立初看到行业里的市场，由创业者一步步把公司组建起来，拥有了自己的管理团队和创业资金。需要管理团队建立各项制度，并在产品研发、市场开发、生产设施建设方面开始努力，开始运营企业。

生产制造企业创造初始，将获得股东一千万元资金投资。企业在充分进行市场调研的基础上，管理层在产品研发、市场开发、生产设施建设等方面做出了一系列科学决策，使企业能在短短几年时间里发展壮大。

1.2 机构岗位说明

1) CEO 职责

（1）对公司的一切重大经营事项进行决策，包括财务、经营方向、业务范围等。

（2）参与董事会的决策，执行董事会的决议。

（3）主持公司的日常业务活动。

（4）对外签订合同或处理业务。

（5）任免公司的高层管理人员。

（6）定期向董事会报告业务情况，提交年度报告。

（7）负责树立、巩固或变更企业文化，负责团队建设。

2) 采购部经理职责

（1）负责公司采购工作及部门工作，规避由于市场不稳定所带来的风险。

（2）根据项目营销计划和施工计划制订采购计划，经批准后组织实施并督导，按计划完成各类物资的采购任务，并在预算内尽量减少开支。

（3）调查、分析、评估目标市场和各部门物资需求及消耗情况，熟悉供应渠道和市场变化情况，确定采购量和采购时机。

（4）完善公司采购制度，制订并优化采购流程，控制采购质量与成本。

（5）审核年度各部呈报的采购计划，统筹策划和确定采购内容，减少不必要的开支，以有效的资金保证物资供应。

（6）每月初将上月的全部采购任务完成及未完成情况逐项列出报表，呈总经理及财务部经理，以便上级领导掌握全公司的采购项目。

（7）监督参与大批量商品订货的业务洽谈，检查合同的执行和落实情况。

（8）监控项目物流的状况，控制不合理的物资采购和消费。

（9）制订部门的短、中、长期工作计划，编制并提交部门预算，协助财会进行审核及成本控制。

（10）进行采购收据的规范指导和审批工作，根据资金运作情况、材料堆放程度，合理进行预先采购。

（11）组织对供应商的评估、认证、管理及考核，与供应商建立良好的关系，在平等互利的原则下开展业务往来。

（12）负责部属人员的思想、业务等方面的岗前及在岗培训和教育，并组织考核。

3）销售部经理职责

（1）组织编制部门年、季、月度销售计划及销售费用预算，并监督实施。

（2）向直接下属授权，并布置工作，监督及支持部门销售人员完成销售计划。

（3）了解所辖市场工作情况和相关数据。

（4）积极与上级领导协调沟通，对设定期间内区域销售指标与销售成果的达成负责。

（5）组织部门产品和竞争对手产品在市场上销售情况的调查，撰写市场调查报告，提交部门经理及相关领导审查。

（6）编制与销售直接相关的广告宣传计划，提交总经理办公室。

（7）组织下属人员做好销售合同的签订、履行与管理工作，监督销售人员做好应收账款的催收工作。

（8）制订本部门相关的管理制度并监督检查下属人员的执行情况。

（9）组织对部门客户的售后服务，与技术部门联络以取得必要的技术支持。

（10）对下属人员进行业务指导和工作考核。

（11）组织建立销售情况统计台账，定期报送部门经理审核。

（12）严格遵守公司各项规章制度。

（13）负责部门销售人员的相关培训，做好团队育人、留人相关工作，建立团结、高效的销售团队。

4）财务部经理职责

（1）对岗位设置、人员配备、核算组织程序等提出方案，同时负责选拔、培训和考核财会人员。

（2）贯彻国家财税政策、法规，并结合公司具体情况建立规范的财务模式，指导建立健全相关财务核算制度，负责对公司内部财务管理制度的执行情况进行检查和考核。

（3）进行成本费用预测、计划、控制、核算、分析和考核，监督各部门降低消耗、节约费用、提高经济效益。

（4）负责管理公司的日常财务工作。

（5）对每天发生的银行和现金收支业务做到日清月结、及时核对，保证账实相符。

5）市场部经理职责

（1）全面计划、安排、管理市场部工作。

（2）制订年度营销策略和营销计划。

（3）协调部门内部与其他部门之间的合作关系。

（4）制订市场部的工作规范、行为准则及奖励。

（5）指导、检查、控制本部门各项工作的实施。

（6）配合人力资源部对市场人员的培训、考核、调配。

（7）拟定并监督执行市场规划与预算。

（8）拟定并监督执行公关及促销活动计划，计划安排年、季、月及各项市场推广策划。

（9）制订广告策略，包括年、季、月及特定活动的广告计划。

（10）进行科学的预测和分析，并为产品的开发、生产及投放市场做出准备。

（11）拟定并监督执行市场调研计划。

（12）拟定并监督执行新产品上市计划和预算。

（13）制订各项费用的申报及审核程序。

6）人力资源部经理职责

（1）制订公司人力资源的战略规划工作。

（2）根据公司发展战略，组织制订人力资源战略规划。

（3）参与公司重大人事决策。

（4）定期组织收集员工想法和建议。

（5）定期组织收集有关人事、招聘、培训、考核、薪酬等方面的信息，为公司重大人事决策提供信息支持。

7）生产部经理职责

（1）负责主持本部的全面工作，组织并督促部门人员全面完成本部职责范围内的各项工作。

（2）贯彻落实本部岗位责任制和工作标准，密切与营销、计划、财务、质量等部门的工作联系，加强与有关部门的协作配合工作。

（3）负责组织生产、设备、安全检查、环保、生产统计等管理制度的拟订、修改、检查、监督、控制及实施。

（4）负责组织编制年、季、月度生产作业、设备维修、安全环保计划，定期组织召开公司月度生产计划排产会，及时组织实施、检查、协调、考核。

（5）负责牵头召开公司调度会，与营销部门密切配合，确保产品合同的履行，力争公司生产任务全面完成。

（6）配合技术开发部参加技术管理标准、生产工艺流程、新产品开发方案审定等工作，及时安排、组织试生产，不断提高公司产品的市场竞争力。

（7）负责做好生产统计核算基础管理工作，重视生产原始记录、台账、报表管理工作的整理归档，及时编制上报年、季、月度生产、设备等有关统计报表。

（8）负责做好生产设备、计量器具的维护检修工作，合理安排设备检修时间。

（9）强化调度管理，科学平衡综合生产能力，合理安排生产作业时间，平衡用电、节约能源、节约产品制造费用、降低生产成本。

2. 注册与登录

2.1 平台注册与登录

平台注册与登录参考项目二 1.1 节相关内容。

2.2 企业进入

在平台园区图中选择④制造图区模块，单击工商局，进入企业，如图 9.1 所示。

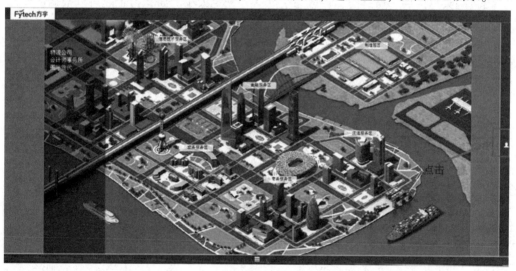

图 9.1 园区图

3. 制造企业经营

3.1 厂区

系统为制造企业提供了六个不同的厂区区域，即北京、大连、武汉、深圳、沈阳、成都，每个区域内都有不同类型的大、小型厂区可供选择，如图 9.2 所示。

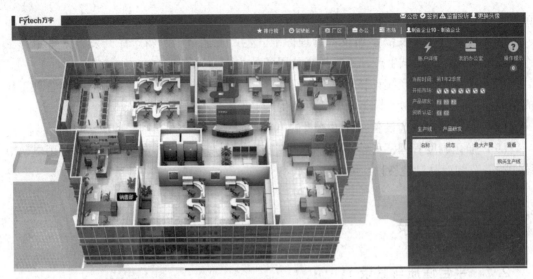

图 9.2　企业厂区

本系统中的厂区相当于土地，企业购置厂区后，在厂区内可根据需要分别建设产成品库、原材料库、厂房。在厂区决策中，企业竞争者需共同遵守以下规则。

（1）每个企业在整个经营过程中，只能购买一个厂区。

（2）购买厂区后，所有类型厂区系统默认了一定大小的面积，企业可以根据需要建设产成品库、原材料库、厂房。

（3）当企业在经营过程中要求增加各类建筑物数量时，需对厂区进行扩建。厂区每期都有一定的扩建面积，每次扩建面积=厂区现有面积/（已扩展次数+1）^{2}，每次扩建金额=每次扩建面积×土地的价钱。扩建面积或用于建造产成品库，或用于建造原材料库或厂房。

（4）厂区购买必须一次性付款。

（5）接受不同厂区的土地价格不同，不同类型的厂区面积大小不同。

（6）购买厂区后，企业不需要支付开拓费用即可拥有本地市场资格，在系统中将该市场标记为"本地市场"。

各厂区基本情况如表9.1所示。

表 9.1　各厂区基本情况

代表城市	类型	土地价格/(元·m⁻²)	厂区面积/m²	每期最大可扩建面积/m²	最大可扩建次数
北京	小型	1 000	1 000	1 000	3
	大型	1 000	1 200	1 200	2
大连	小型	850	1 000	1 000	3
	大型	850	1 200	1 200	2
武汉	小型	800	1 000	1 000	3
	大型	800	1 200	1 200	2

续表

代表城市	类型	土地价格/(元·m⁻²)	厂区面积/m²	每期最大可扩建面积/m²	最大可扩建次数
深圳	小型	1 100	1 000	1 000	3
	大型	1 100	1 200	1 200	2
沈阳	小型	900	1 000	1 000	3
	大型	900	1 200	1 200	2
成都	小型	700	1 000	1 000	3
	大型	700	1 200	1 200	2

企业根据决策选择公司建厂地址，单击每个厂区的时候，可以显示该市场在本地的市场份额，可据此做出决策后购买并签收。

签收完成后，系统会显示厂区画面，并根据企业要求进行厂房、产成品库、原材料库、厂区扩建等内容，厂区操作界面如图9.3所示。

图9.3　厂区操作界面

整个系统供求采用"以产定销"制，即生产制造型企业本季度生产的产品越多，下一季度市场上的需求量就越大；所有企业生产的产品都能获得订单。

例：北京地区第一年一季度制造企业共生产10 000件产品，则北京地区第一年二季度的市场需求量为：［10 000件×30%（北京本地市场消费需求比例）+所有市场剩余需求之和×（北京地区第一季度投入广告总费用/所有市场第一季度投入广告总费用）］×（1±市场需求繁荣状况）。

厂区购买后或扩建后，当季度可以使用。

厂区内的建筑物，当季度租赁或者是建造后，当季度可以使用；租赁的建筑物不占用厂区的面积，建造的建筑物占用厂区面积。

原材料仓库、产成品仓库的吞吐量每个季度开始时会还原最大值。

本系统中的固定资产主要包括厂房、库房及生产线等。固定资产的形成可选择购买

（自行建造）或者租赁。购买须一次性付款，支付后可立即投入使用，购买的固定资产在每经营期内须承担维护费用，维护费用在下一期支付；租赁的固定资产在租赁后即可投入使用，每经营期须承担租赁费，租赁费在下一季度支付。

无论购买或租赁的厂房或库房都需支付原材料或产成品保管费用。对存放在库房中的原材料和产成品，若跨季度前仍未出库，则需按照期末存放的数量收取保管费用。

1. 厂房购建规则

（1）购买厂区后，企业可以根据规划决策，选择购买（自行兴建）厂房，企业只有购买厂房后，才可以购买生产线。

（2）厂房有大、中、小三种规格，不同规格厂房的价格、面积大小及容量都不同。厂房基本信息如表9.2所示。

表9.2　厂房基本信息

厂房类型	容量/条	兴建价格/元	厂房占地面积/m²	折旧期限/季度
小型厂房	1条	300 000	200	40
中型厂房	2条	400 000	400	40
大型厂房	3条	600 000	500	40

2. 原材料仓库购建规则

（1）选择购买厂区后，企业可以根据规划决策，选择购买（自行兴建）或者租赁原材料库，用来存放开展生产所需的原辅材料。

（2）系统中，企业购买的原材料库每个周期都有吞吐量限制。

（3）原材料库有大、中、小三种规格，不同规格的原材料库的价格、吞吐能力、面积大小及容量都不同，基本信息如表9.3所示。

表9.3　原材料库基本信息

原材料库类型	容量/件	兴建				租赁	吞吐量/件
		兴建价格/元	维护费用/(元·季度⁻¹)	折旧期限/季度	占地面积/m²	租赁费/(元·季度⁻¹)	
小型原材料库	6 000	400 000	2 000	40	200	80 000	30 000
中型原材料库	8 000	600 000	2 000	40	400	150 000	40 000
大型原材料库	10 000	800 000	2 000	40	500	160 000	50 000
数字化仓储	8 000	1 000 000	2 000	40	800	600 000	80 000

3. 产成品库购建规则

（1）购买厂区后，企业可以根据规划决策，选择购买（自行兴建）或者租赁产成品库，用来存放各类产成品。

（2）系统中，企业购买的产成品库每个周期都有吞吐量限制。

（3）产成品库有大、中、小三种规格，不同规格的产成品库的价格、吞吐能力、面积大小及容量都不同，基本信息如表9.4所示。

表9.4 产成品库基本信息

| 产成品库类型 | 容量/件 | 兴建 | | | | 租赁 | 吞吐量/件 |
		兴建价格/元	维护费用/(元·季度⁻¹)	折旧期限/季度	占地面积/m²	租赁费/(元·季度⁻¹)	
小型产成品库	1 000	300 000	2 000	40	200	80 000	4 000
中型产成品库	2 000	400 000	2 000	40	400	100 000	8 000
大型产成品库	3 000	600 000	2 000	40	500	150 000	12 000

4. 容量及吞吐量

（1）容量：一个仓库所能容纳的货物数量，量化后数值实时更新。

（2）吞吐量：一个仓库所能承受的吞吐能力，量化后数值隔季度更新，当季度消耗不可再生。

（3）吞吐量查看方式：制造企业采购部中所能采购的所有货物后显示的"体积（箱）"即为相应货物消耗的单件吞吐量。

例：原材料 M1 的体积为 1，产成品 H 型的体积为 3。那么分别入库 1 000 件 M1 和 1 000 件 H 型，则分别消耗 1 000 点和 3 000 点吞吐量。若把 M1 投入生产，则需进行出库，再次消耗 1 000 点吞吐量；若把 H 型进行交易售卖，则同样需要出库，再次消耗 3 000 点吞吐量。综上所述，M1 出入库共计消耗 2 000 点吞吐量，H 型出入库共计消耗 6 000 点吞吐量。（注：所有货物企业接收后必须经历一次出入库处理，若当前仓库剩余吞吐量不足则无法进行出入库，且已入库货物当季度内无法进行出库）

3.2 生产部

3.2.1 生产线

企业可以根据生产决策，购买生产线，以用于组织开展生产。购买的生产线须安放在厂房中，厂房容量不足时，无法购买安装生产线。购买生产线一次性支付全部价款，在价款支付完毕后开始安装，在安装周期完成的当季度可投入使用。生产线的产能初始都为 0，每种生产线都有最大产能。企业必须招聘初级工人、高级工人和生产管理人员，并且将人员调入生产线进行生产，使生产线的产能得到提高，产能提高到最大产能时不再增加。

每条生产线都具有技术水平，只能生产低于或者等于该生产线技术水平的工艺产品。生产线的产量＝（生产线技术水平–产品的工艺水平）× 产能。每条生产线都可以升级技术水平，每升级一次提升 1 点至 2 点不等，最高可升级到 5 点至 9 点不等；提升费用＝生产线购买价格/2。生产线技术升级消耗 1 个季度，期间该生产线无法进行生产。

一条生产线在已选择产品工艺的前提下，若要生产其他研发产品，则需进行转产处理。新购入生产线第一次使用，可直接进行产品工艺选择，无须转产。生产线转产须在生产线建成完工，而且在空闲状态下才能进行。转产不须支付转产费，但有的生产线有转产周期，并且注意转产期间不能对这条生产线进行任何操作，因此在转产之前，如果需要调出人员，应先调出人员，然后再进行转产。

系统中模拟 4 种类型的生产线，不同生产线的价格、技术水平、强度及产能各不相同，基本信息如表9.5所示。

表9.5　生产线基本信息

生产线类型	购买价格/元	安装周期/周期	转产周期/周期	技术水平	最大产能/(件·季度$^{-1}$)	人员使用率	折旧期限/季度
劳动密集型生产线	500 000	0	0	2	500	50%	40
半自动生产线	1 000 000	0	1	3	500	100%	40
全自动生产线	1 500 000	1	1	4	450	1 000%	40
柔性生产线	2 000 000	1	0	4	400	300%	40

注：①生产产品消耗的产能=生产数量/（生产线技术水平-产品工艺水平）。

②生产线磨损=生产线消耗的产能/强度，当生产线磨损超出产能，生产线的产能缩减为一半，继续超出1倍，生产线将损坏。

③维修费用=生产线累计磨损^2×技术水平，维修时间=安装时间，当维修完成后，生产线变成全新的。

④技术水平升级提升=当前技术水平/2/技术提升次数，每次提升的费用=基础购买价格/2。

生产线具有以下特点。

（1）劳动密集型生产线、柔性生产线在购买、签收、验收后，就可以购买原材料，直接投入生产；半自动、全自动的生产线需要一个季度的安装周期。

（2）每条生产线的生产周期全部为一个季度，到下个季度后产品可出货并入库。

（3）生产线在由现有的生产产品改为其他的产品生产（包括不同工艺的产品）需要一个季度的转产周期。

（4）生产线的磨损值是会降低的，降低后需要进行维修，维修时间为一个季度，维修期间生产线无法进行生产（例如劳动密集型生产线初始磨损值为1 000/500，当该数值降低至499/500时生产线产能减半，当该数值降低至0/500时生产线报废，只能做拆除处理，且系统不会给予任何补偿）。

（5）生产线的产量=（初级工人专业能力×数量+高级工人专业能力×数量）×（1+管理人员管理能力×数量）×生产线人员利用率×（生产线技术水平-产品工艺水平）。

3.2.2　产品研发

制造企业初始都可以生产L型产品A型工艺清单，如果企业想生产新的产品，就需要投入资金和人力进行产品研发。每次投入的研发资金和人员不得少于推荐资金和基本研发能力要求，否则下季度一定不成功。

本期投入资金，下一期系统会提示产品研发是否成功。如果研发成功率达到100%～120%，下一期肯定研发成功，研发成功的产品当季度可以投入生产。

各类产品研发的详细信息如表9.6所示。

表9.6　产品研发详细信息

研发项目	基本研发能力要求	最少投放资金/元	推荐资金/元	代表BOM	技术水平
L型产品研发	0	0	0	L型产品A型工艺清单	1
L型产品工艺改进	50	100 000	420 000	L型产品B型工艺清单	0
H型产品研发	100	300 000	1 400 000	H型产品A型工艺清单	2
H型产品工艺改进	50	100 000	420 000	H型产品B型工艺清单	1
O型产品研发	100	1 000 000	2 800 000	O型产品A型工艺清单	3
S型产品研发	100	1 500 000	4 200 000	S型产品A型工艺清单	4
高端工艺改进	30	300 000	840 000	O型产品B型工艺清单	2

其中，基本研发能力要求：对应研发人员的研发能力。只有该研发项目的研发人员能力达到该项要求后，研发才能开始。

推荐资金：推荐企业在资金有效期内达到的资金额。达到一定的资金额才能保证研发成功，系统中显示为剩余投放资金。

此外，资金有效期：企业投入研发资金能够对研发产生效果的时间。产品研发可一次性集中投入资金研发，也可分期投入资金研发（一般只生效4个季度，若4个季度还未研发成功，则资金消失）。

研发成功率＝［企业投入的有效研发资金/推荐资金×80%＋（投入的研发人员研发能力－基本研发能力要求）/100×20%］－（20%～40%）

例：甲企业准备投放200万资金和15个研发人员用来研发H型产品，两者都投入后的研发成功率为［2 000 000/140 0000×80%＋（15×10−100）/100×20%］－（20%～40%），算出成功率为84%～104%。

3.2.3　产品BOM结构

产品物料清单（BOM结构）如图9.4所示（括号中的数字为所需原材料个数）。

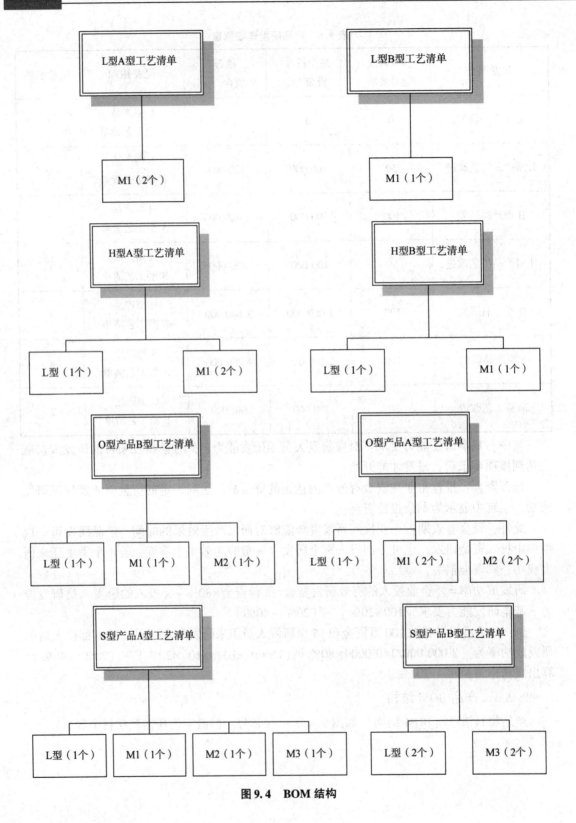

图9.4　BOM 结构

供应商提供的物料清单如图9.5所示。

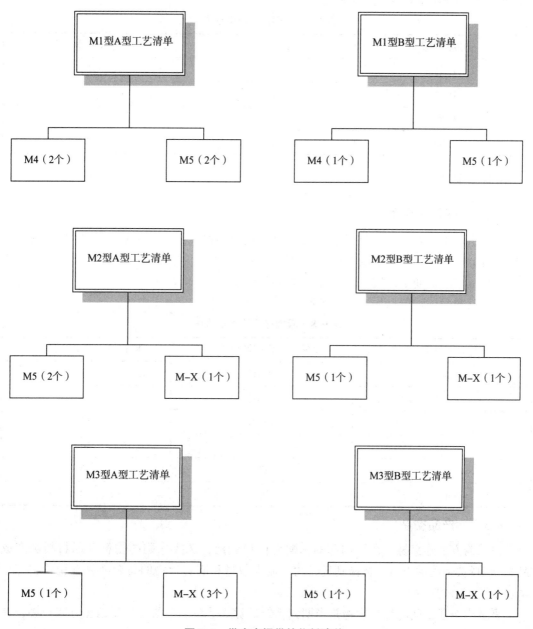

图9.5 供应商提供的物料清单

3.2.4 产品生产

（1）各生产线可以生产企业研发成功的产品，但只能生产一种产品，如要生产其他类型产品，需进行转产。

（2）每种产品的生产周期均为一期，即产品本期投入生产，下期即完工入库。

3.2.5 产品库存

（1）产品存放在产成品库库房，所有存放在仓库的产品均发生库存成本。

（2）库存成本按照季末库存数量计算，一次性支付。

库存费用详细信息如表9.7所示。

表 9.7　库存费用详细信息

产成品名称	市场售价/元	库存成本/元
L 型	4 000	100
H 型	6 000	150
O 型	8 000	150
S 型	10 000	150

3.3　采购部

3.3.1　原材料采购

企业组织生产需提前按照产品 BOM 结构采购原辅材料；当企业采购某种原辅材料时，系统供货的时间可选择本期供货和下一期供货，本期供货价钱多出一倍，下期供货原价购买；库存成本在每期期末按库存的材料数量计算，在下一期支付。

原辅材料的详细信息如表9.8所示。

表 9.8　原辅材料的详细信息

原辅材料名称	原材料平均市场价格/元	库存成本/(元·件$^{-1}$)
M1	600	50
M2	600	50
M3	1 000	50
M4	100	50
M5	200	50
M-X	300	50

3.3.2　产品交易

由采购方创建交易，在采购部的采购合同里创建，选择采购的物料（原材料和产成品），选择被采购的小组，选择到货时间，输入数量和所有货物的总金额（含税价，总金额包括了17%增值税）。

平台内企业之间的交易货物是当期到，但是货款是在下个季度初到销售方账户中，如图9.6、图9.7所示。

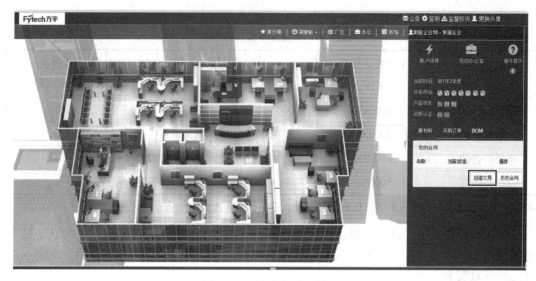

图 9.6　创建交易操作界面

创建交易

物料交易合同申请

您现在正在起草一份企业间的物料交易合同，合同提交后，对方企业将会收到合同，只有当对方确认合同后，合同方能生效

甲方：
制造企业10
乙方：

北京寰宇有限责任公司-制造企业 ▾

物料类型：

M1 ▾

采购数量：

0

采购时间：

◉ 本期采购　○ 下一期采购　○ 下二期采购

❶注意，金额部分为合同总额，不是单价

请输入合同总额　　　　　　　　　　　　　　　　确认

图 9.7　创建交易操作窗口

　　紧急采购当季度是可以收到原材料的，但价格为正常价格的 2 倍；一般采购后在下个季度才能收到该单原材料；BOM 单可以查看该产品的工艺水平。

3.4　市场部

　　（1）企业可以通过各种宣传手段，投入广告费，来开拓市场和提高市场影响力。
　　（2）本期投放的广告费用，在下一期市场竞单中会转化为相应的竞单得分，每种宣传手段有次数限制，使用后 4 个季度重置。

市场投资的宣传手段详细信息如表9.9所示。

表9.9　各宣传手段详细信息

宣传手段	最少投入资金/元	资金分配比率	投放形式	每季度允许投放次数
网络新媒体广告	400 000	50%	群体投放	1
电视广告	300 000	100%	个体投放	2
电影广告植入	600 000	150%	个体投放	1
产品代言	500 000	60%	群体投放	1

其中，资金分配比率为投入本项宣传的广告费进入选中的市场形成有效资金的比例。

例：A企业采用"网络新媒体广告"方式，一次性向"沈阳""武汉""北京"三个地区投入150万元，按照分配比率每市场将实际在三个市场同时产生150万元×50%＝75万元的有效资金。

个体投放和群体投放：个体投入的广告一次只能面向一个市场。群体投放则允许一笔广告费同时投入多个市场。

（3）临时开拓与永久开拓。当企业某季度投放该市场的有效资金超过该市场的"临时开拓所需"时，则下季度该市场标注为"临时开拓"，企业可以在下季度进入本市场竞单；当企业某季度投放该市场的有效资金超过该市场的"永久性开拓所需"时，则下季度该市场标注为"永久开拓"，企业可以永久进入本市场竞单（注：无论以何种广告形式、投放多少个地区、投放多少资金到市场，资金在市场竞单中所转化得分只在下季度竞单中生效）。市场开拓费用详细信息如表9.10所示。

表9.10　市场开拓费用详细信息

市场名称	代表城市	临时开拓所需资金/元	永久开拓所需资金/元
东北	沈阳	200 000	3 000 000
南部沿海	深圳	250 000	3 000 000
国外	亚洲	300 000	5 000 000
大西南	成都	250 000	2 000 000
北部沿海	大连	250 000	1 500 000
长江中游	武汉	150 000	1 500 000

（4）企业进入市场的有效资金数额直接影响企业在本市场的市场影响力。

市场影响力计算方法：某市场影响力＝本企业市场有效投资总额/该市场所有有效投资总额。

市场影响力将直接影响企业在本市场的销售竞单的竞标得分，影响办法见销售部"竞单评分标准表"。

3.5　企业管理部

3.5.1　企业资质认证

企业资质认证包括 ISO 9000 和 ISO 14000，企业通过资质认证后将降低销售竞单中的竞标扣分，影响办法见销售竞单规则。

资质认证详细信息如表 9.11 所示。

表 9.11　资质认证详细信息

资质认证名称	需要时间/季度	最少投入/(元·季度$^{-1}$)	竞单得分	总投入/(元·季度$^{-1}$)
ISO 9000	1	1 000 000	10	1 000 000
ISO 14000	1	500 000	10	1 000 000

其中，需要时间：当资金全部投入完成并达到总投入数额后，认证将于下一季度通过，该认证正式获得。

竞单得分：一旦认证获取后，会给竞单中相应的得分，永久有效。

总投入：资金有效期投入资金总和达到该数值时，开始申请质量认证。

3.5.2　人力资源

驱动生产线生产、提高研发项目的效率都需要员工，企业通过人力资源管理，可以招聘各式各样的人才，并且将人员分配到合适的岗位开始工作。每种类型的人员都有各种能力，企业在人才招聘时，应注意能力的搭配，在尽可能减少人力成本的同时，提高工作效率。相应规则如下。

（1）招聘的人员在当季即可投入工作，招聘费用在招聘时立即支付。

（2）科研人员进入研发项目后，在产品研发成功以前，可以随时调出。

（3）生产工人在生产线生产中的状态下不能从生产线上调入/调出。当每季度产品投产前，生产工人可自由调度。

（4）人员工资在下一季度支付。

（5）向生产线安排生产类人员是提升生产线产能的唯一途径。人员安排有多种组合，其主要决策为减少人力成本、提高生产效率。多种组合计算方式为：

总提升产能＝（初级工人专业能力×人数＋高级工人专业能力×人数）×（1＋管理人员管理能力×人数）×生产线人员利用率

总提升研发能力＝科研人员专业能力×人数（科研人员数量）

（6）解聘人员时，需一次性支付两个季度工资。

（7）人员为空闲状态时也需要支付工资。

人力资源详细信息如表 9.12 所示。

表 9.12　人力资源详细信息

人员类型	招聘费用/元	人员类型	管理能力	专业能力	工资/(元·季度$^{-1}$)
初级工人	6 000	生产人员	0	10	4 000
高级工人	10 000	生产人员	0	20	6 000

续表

人员类型	招聘费用/元	人员类型	管理能力	专业能力	工资/(元·季度$^{-1}$)
车间管理人员	8 000	生产人员	25%	0	5 000
研发人员	10 000	研发人员	0	10	10 000

人员招聘后当季度可以使用，并投入到相应的岗位上；资质认证投入后，下季度才能产生作用，并永久生效。

3.6 销售部

3.6.1 销售方式

在本模拟实训中，制造企业的主要销售方式包括以下三种。

（1）电子商务竞单。即通过在系统模拟的市场中进行竞单销售。采用此方式销售产品，企业必须投入广告费，开拓市场，才能接到该市场的订单，本地市场除外。

竞单规则如下。

第一步，进入某市场，输入需求订单量（小于等于该市场剩余需求量），申请新订单，进入 150 秒倒计时。

第二步，单击进入申请的新订单，可实时重复输入报价，看到各企业得分，150 秒倒计时结束后，得分最高的企业中标，并进入 600 秒倒计时。

第三步，中标企业可在 600 秒内选择签订合同。

第四步，600 秒倒计时结束后，若中标企业未选择签订合同，则该企业可选择取消该订单并支付订单总额 5% 的手续费，该订单需求量重新回归市场，由其他企业继续申请订单并竞单。（注：在 600 秒倒计时结束后，若中标企业既不签订合同，也不取消订单，则其他企业也可进入此订单取消，所需手续费仍由中标企业支付）。

竞单评分标准如下。

价格分：满分 100 分，价格每高于标底价 1%，-10 分，低于标底价+2 分。

市场影响力分：满分 150 分，影响力每占 1%，加 1.5 分，得分取整。

质量分：根据认证规则，每完成一个质量认证，加上相应的分数。

（2）竞标。制造企业可以在经营中，参与招投标中心的市场竞标活动，取得销售订单。竞标必须按照招标人的要求准备标书参与竞标。

（3）谈判。企业之间谈判，并在企业采购部采购订单（创建交易功能）中签订销售合同进行产品销售。（注：企业间创建交易由采购方向被采购方发起）

3.6.2 订单交付

订单的交付时间都是本期交付，只要库存及仓库吞吐量满足订单要求，便可以进行产品交付。物流流程走完后，货款下一季度收取。（注：同一订单可由不同仓库同时出货，但每笔订单必须一次性交付，不能分期）

（1）本地市场产品数量计算方法如下：

本地需求=本市场内所有公司的上一季度总产量 * 对应的市场需求比例+本市场内所有公司的上一季度总产量 * （1-对应的市场需求比例） * 本地市场在全部市场中所占到市场份额

（2）系统回收产品的基础价格是 4 000 元，每降低或者调高 4 元，将降低或者调高 1 分。

3.7 财务部

财务部主要办理企业记账、贷款、纳税、年检（或者企业管理部去办理年检）等业务，在"财务部"→"实习导航"中去外围机构办理相关业务。

企业凭证查询、明细账查询、报表制作在"我的办公室"→"企业经营管理"中办理，如图 9.8、图 9.9 所示。

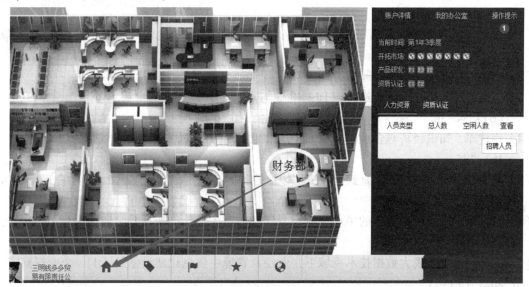

图 9.8　企业财务部操作面板

图 9.9　操作导航图

参 考 文 献

[1] 梁文潮. 中小企业经营管理：制度·战略·营销实务 [M]. 武汉：武汉大学出版社, 2003.

[2] 张大成. 现代物流企业经营管理 [M]. 北京：中国物资出版社, 2005.

[3] 郝霞. 大数据时代企业经营管理的挑战与对策 [J]. 重庆与世界：学术版, 2013, 30 (6)：34-36.

[4] 卢建军. 知识经济与企业经营管理观念的创新 [J]. 西安科技大学学报, 2001 (4)：383-385.

[5] 赖时伍. 浅谈提升企业经营管理能力的措施分析 [J]. 企业改革与管理, 2014 (1X)：1.

[6] 任蓓蓓. 浅谈新形势下的中小企业经营管理与财务会计创新 [J]. 新金融世界, 2022, 21 (4)：4.

[7] 尤耀华. 要重视大数据技术视域下企业经营管理中信息化建设创新 [J]. 企业观察家, 2021 (7)：3.